"十二五" 国家重点图书出版规划项目

彩图科学史话

CAITU KEXUE SHIHUA · DIXUE

地学

李 元 主编 张 维 编著

北方联合出版传媒（集团）股份有限公司

辽宁少年儿童出版社

沈 阳

© 李 元 张 维 2015

图书在版编目（CIP）数据

彩图科学史话. 地学 / 李元主编；张维编著.—沈阳：辽宁少年儿童出版社，2015.3
ISBN 978-7-5315-6350-1

Ⅰ.①彩… Ⅱ.①李… ②张… Ⅲ.①自然科学—少儿读物②地球科学— 少儿读物 Ⅳ.①N49 ②P-49

中国版本图书馆CIP数据核字（2014）第237770号

出版发行：北方联合出版传媒（集团）股份有限公司
　　　　　辽宁少年儿童出版社
出 版 人：许科甲
地　　址：沈阳市和平区十一纬路25号
邮　　编：110003
发行（销售）部电话：024-23284265
总编室电话：024-23284269
E-mail:lnse@mail.lnpgc.com.cn
http://www.lnse.com
承 印 厂：三河市兴国印务有限公司
责任编辑：周　婕
责任校对：贺婷莉　丁东戈
封面设计：周　婕　豪　美
版式设计：壹漫创意
责任印制：吕国刚
幅面尺寸：168mm ×240mm
印　　张：15　　　　字数：208千字
出版时间：2015年3月第1版
印刷时间：2016年12月第2次印刷
标准书号：ISBN 978-7-5315-6350-1
定　　价：38.00元

千百年来，人们一直在认知地球，但得到正确认识不仅要付出艰辛的努力，甚至还要付出生命的代价。16世纪，麦哲伦率领船队完成环球航行，证实地球确实是个球体，但他自己却在航程中蒙难。20世纪，魏格纳提出大陆漂移说，勾画了海陆演变的格局，但他在格陵兰岛搜集证据时不幸葬身茫茫雪原。然而，人们追求真理的信念始终没有动摇，人们不断地揭示有关地球的一个个奥秘：地层、岩石、矿藏、古生物……不断了解影响地球环境的事物：火山、地震、洪灾、海啸……

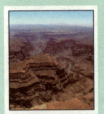

我们钦佩前辈们在认识地球方面付出的不懈努力和追求。今天，世界已经进入纳米时代，随着人造卫星的发射升天，人们可以精准地完成对地球的测量，还能准确预报全球天气变化，甚至探测岩层的断裂情况和地震活动。随着电子计算机的运用和国际合作，我们可以完成许多在前人看来不可能完成的任务。

科学在进步，知识就是力量。

另一方面，人们在认识地球的同时，又在肆意开发和挥霍地球的资源，破坏地球的环境。看看我

们周围：温室效应、大气污染、海平面上升、臭氧层破坏、酸雨、雾霾、有毒食品、废弃物……古往今来，地球母亲用甘甜的乳汁哺育了无数代子孙，可是，人类却为了自身的利益把地球弄得千疮百孔。

1970年4月22日，在太平洋彼岸的美国，为了保护地球环境，人们自发地掀起了一场声势浩大的环境保护运动。在这一天，全美国有约1万所中小学，2000所高等院校及社会团体共2000多万人走上街头。人们高喊着保护环境的口号，举行游行、集会和演讲，呼吁采取措施保护环境。从此，每年的这一天成为世界地球日。

人类只有一个地球，而地球正面临着严峻的环境危机。"拯救地球母亲"已成为世界各国人民最强烈的呼声。

在阅读本书的时候，让我们怀着敬佩之心，向几千年来对地球的认知做出贡献的先辈们深深致意；让我们怀着感恩之心，对养育人类的地球母亲表达深深的爱意；也让我们怀着忏悔之心，反思我们对地球环境造成的巨大破坏。让我们一起关爱自然、热爱地球吧！手挽手、心连心地筑起一道绿色的长城，捍卫地球资源，保护地球环境，让地球的明天更美好！

专家导读

刘 兵

（清华大学科学史教授、博士生导师，中国科协—清华大学科技传播与普及研究中心主任）

随着时代的发展，科学已经深刻地影响着人们的生活和文化，一个对于科学没有基本了解的人，是很难适应现代生活的。科学文化已经成为人们重要的文化素养内容。青少年正处于学习科学的最好时期。

不过，科学的学习又有着不同的方式。比如，在学校里按部就班地以课本为基础比较系统地学习，这是一种常见的方式。但是，科学的一个特点是它总在不断的变化发展中，是有自己的成长历程的，在科学的发展过程中，我们可以看到许许多多有趣的、有启发性的，同时又是知识性的内容。就像通过了解一个人过去的经历可以更好地了解这个人一样，了解科学的过去，也可以让我们更好、更全面、更深刻地理解今天的科学。

其实，各种学习科学的方式有着各自的优势，也有着各自的不足。在学校里更多的是着眼于今天的科学知识，从今天的科学知识的逻辑出发系统地来学习，但限于时间等因素，对科学的历史的学习就要弱化很多。而

《彩图科学史话》丛书恰好是对学校科学学习的一种极好的补充，同时避免了学校里正规科学教育的某种抽象和枯燥，让青少年读者可以在轻松有趣的阅读中，从生动的历史发展的角度获得对科学的更好理解。

本丛书以几个核心的科学学科作为各分册的主题，以科学发展史中的人物、发现、事件、话题为核心，形象地描述了那些在科学的发展中最重要的人与事。丛书以近现代和当代科学发展的内容为主，有一种"厚今薄古"的风格，这种表现方式也与侧重历史研究的著作有所不同，更适应普通读者的需要，而且，在内容上也适度加入了一些非西方的科学发展的内容，可以让读者更全面地把握世界范围内科学发展的整体图景。

总之，从历史的角度轻松、有趣地学习科学，是一种新型的科学学习方式。丛书中精美的插图，更利用了当下流行的视觉传播的优势，以图文结合的方式，让读者可以更直观地形成一种具象化的科学形象。在

学习科学的历史，特别是在以作为学校教育之补充的方式阅读本丛书的过程中，重要的并不是要以应试教育常见的方式，令人厌烦地死记硬背各种历史年代、人名、事件内容和重要意义之类的东西。其实中国人有着突出的关注历史的文化传统，在这种传统中，在休闲式的阅读中不断地接触历史中重要的和有趣的人物和事件，就以日积月累的方式形成了个人的历史观。因而，放松心情，以享受的心态去体验科学这种独特的人类文化，就是阅读本丛书最好的方法与最大的收获。

2015 年 1 月 20 日
于北京清华大学荷清苑

‹‹‹ 目录

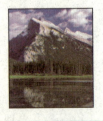

新石器时代与半坡人

半坡遗址是中国一个远古氏族部落的生活遗址，它为研究黄河流域原始氏族社会的性质、聚落布局、资源利用、文化生活等提供了较完整的资料。半坡人对石器的运用及陶器的制造，表明早期人类对地学知识的了解和积累已经进入了一个新的阶段，显示了中华儿女的聪明才智。

人类的早期历史通常以使用不同的劳动工具来划分。人类历史的最初阶段被称为石器时代，稍后是青铜器时代，再后是铁器时代。无论是岩石，还是铜、铁等金属，都是地球的组成物质，对它们的了解和使用，代表了人类的进步和对自然科学知识的掌握水平。石器时代又分为早期的旧石器时代和后来的新石器时代，前者以比较粗糙的打制石器为标志，如周口店北京猿人所使用的石器；后者以比较精细的磨制石器为标志，如半坡人所使用的石器。

⊙醒目的半坡博物馆LOGO

半坡遗址位于陕西省西安市东郊灞桥区浐河东岸，是黄河流域一处典型的原始社会母系氏族公社村落遗址，考古研究确认属于新石器时代仰韶文化，距今有约6000年历史。

通过前后5次系统发掘，揭露遗址面积达10000平方米，获得了大量珍贵的科学资料。共发现房屋遗迹45座、圈栏

◎半坡遗址发现地及发掘现场

2处、窖穴200多处、陶窑6座、各类墓葬250座，以及生产工具和生活用具近万件。

半坡人是怎样生活的呢？从出土的石斧、石锄、石铲、石刀和磨盘、磨棒等农具来看，半坡人对岩石的种类和性质已经有了很深的了解。他们把岩石打磨成各种工具，过着农耕的定居生活。半坡先民把房屋和家园安置在浐河的东岸阶地上。整个遗址傍临浐河，背靠白鹿原。白鹿原是关中平原数十个高缓平坦的黄土高坡之一。当时气候温暖，树木茂盛，栖息着许多哺乳动物。浐河与白鹿原给半坡先民提供了理想的生活环境，河东岸分布着阶梯状高出的地形，即河流阶地，它们高出浐河8~10米，在阶地上造房建屋，不仅避免了潮湿的地气，洪水暴发也不会淹没自己的家园，这表明远古先民在择

◎制作精美、红地儿黑彩的半坡陶器

⊙半坡遗址揭示了中国的一个远古氏族部落生活的场景

A ⊙西安半坡博物馆

⊙半坡人生活复原图 **B**

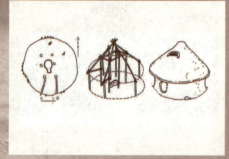

⊙半坡先民的住所 **C**

⊙出土的陶罐群 **D**

E ⊙破碎陶片达50万片以上

地而居时已经初步掌握了地学的一些基本知识。

此外，半坡遗址房屋的门大都向南开，这说明在先民的意识中已经有了方向的概念，至少他们已经了解了居室的朝向与日照和风向有关。正是由于半坡先民对地理环境的正确选择，才能使他们在这里安居乐业，繁衍后代。

在半坡遗址中还发现了大量镞、矛、网坠、鱼钩等渔猎工具。同时还发现了粟的遗存和蔬菜子粒，以及家畜和野生动物骨骸。特别重要的是，从遗址中出土了许多陶器，常见的有粗沙罐、小口尖底瓶和钵等。彩陶十分出色，红地儿黑彩，花纹简练朴素，上面绘有人面、鱼、鹿、植物枝叶及几何形纹样。此外，还在陶器上发现22种刻画符号，这很有可能是原始文字的雏形。

几次发掘中，从遗址中收集到的陶片就有50万片以上，超过全部出土物总数的80%，其中完整的和能够复原的器皿近1000件。从形状、质地等方面分析，这些器皿可复原为饮食器、水器、炊器和储藏器等。这给后人以重要启示：当时陶器已经被广泛地应用，成为生产和生活的必需品，并且制陶工艺也发展到了一个较高水平。

如此看来，用岩石磨制各种工具、用陶土制作用具的粗坯，首先是要选择合适的原材料，也就是天然的岩石和黏土，这就需要掌握一定的地学知识以及通过摸索和实验获得的经验积累。在这点上，中华民族的祖先表现出高度的智慧和进取精神。

⊙ 代表先进仰韶文化的陶器

ZHEN GUI SHI LIAO 珍贵史料

新石器时代

新石器时代是以使用磨制石器为标志的人类物质文化发展阶段。这一名称是英国考古学家约翰·卢伯克于1865年首先提出的。这个时代在地质历史上已进入第四纪的最后阶段——全新世。新石器时代的早期，陶器已成为人类日常生活的必需品，晚期也叫铜石并用时代。在中国，新石器时代的出土文物非常丰富。

历经千年的铜矿开发

在人类历史上，铜是首先被认知和利用的金属矿产，铜的温和色彩让人喜爱，人们把它做成装饰品，后来又制成酒器、食器以及各种劳动工具和兵器等。传说中的大禹治水如果没有铜制工具的帮助，想要在十几年内完成治水壮举是不可能的。中国是世界上最早开采铜矿和铸造铜器的国家之一，在西周时期达到顶峰。

最初被人类认识的是自然铜，后来又有蓝铜矿、黄铜矿、辉铜矿、孔雀石、水胆矾等，铜家族的矿产被不断发现和利用。古代的铜矿开采比较简单，采掘露天矿时，先用木柴围在含有铜矿的岩层上烧烤，第二

⊙孔雀石

天当火熄灭后，再用锤子敲打，经过热胀冷缩，就会得到剥落的矿石。而埋藏地下比较深的铜矿要先用坚硬的工具开挖通道，通往矿体的通道叫"窝路"，为使"窝路"坚固，需要用木棍等支撑，这就是原始的矿井。

西周时期，安徽、湖北已开始开采铜矿，特别是湖北大冶，开采年代从西周一直延续至汉代，历经千余年。遗留在地下的巷道有400多条，据推测铜矿年开采量为8万~12万吨。从遗留的古巷道和出土文物看，大冶古铜矿已使用了竖井、平井和盲井组合的分段开采提升方式。同时，大量使用组合式的方形木井架，以加固井壁。2000多年前的这些先进技术大大提高了采矿的安全性，降低了开挖竖井和提升矿石的难度，在世界采矿史上堪称奇迹。

湖北大冶的矿冶遗址称作铜绿山，它位于湖北省大冶市西南2.5千米，占地约250万平方米。据清代所修《大冶县志》记载，铜绿山"山顶高平，巨石对峙，

⊙铜绿山古采矿区遗迹

⊙蕴藏比较深的铜矿要先用坚硬的工具开挖通道，形成原始的矿井

每骤雨过时，有铜绿如雪花小豆点缀土石之上，故名"。这里蕴藏着丰富的多种金属共生的铜铁

矿床，矿体规模大，而且矿石含铜品位高，是中国古代一个理想的铜矿开采地。至今，地面上还堆积着40万吨以上的古代炼渣，还有多种形式的炼铜竖炉，地下古矿井更是分布密集，记录着古代矿冶生产的宏大规模和高超技术。通过研究，发现西周至春秋的矿井开采深度距地面20~30米，井巷构建比较简单。而战国至汉代的矿井开采深度为40~50米，井巷构建复杂，如竖井采用搭接式方框支架，井巷采用木棍和竹席封闭井巷和巷帮，技术上显然更为先进。铜绿山采矿遗址的发现和复原，在我们面前展现了一幅古代人铜矿开采和冶炼的生动画面：炉火熊熊，

人影婆娑，工具锵锵，一派繁忙。

矿石开采后，冶炼过程更为复杂。铜锡矿石含有许多杂质，铸造前需要将矿石熔化并去除杂质，这一过程称为冶炼。要把铜从矿石中熔炼出来，需要1100℃以上的高温，这说明中国古人很早就掌握了鼓风及炼炉密封技术。熔炼时，高温能够去除矿石中的杂质，这是一个逐渐反应的化学过程。中国古人通过判别火候来确定反应程度，这在《考工记》中有详细记载。

中国古人还知道，在铜矿冶炼中，假如添加一定量的其他金属，可以改变铜的质地。如青铜是红铜与锡的合金，因其外表呈青灰色而命名。古时的青铜器是礼乐等级制度的符号，被统治者用来祀天祭祖、赏赐功臣，一些器物还可用作陪葬品。如鼎本来是用来煮食的，后来成为礼乐等级的象征，天子用九鼎，诸侯用

ZHEN GUI SHI LIAO
珍贵史料

解读《考工记》

《考工记》是春秋时期记述手工业各工种规范和制造工艺的文献，也是中国目前所见年代最早的手工业技术文献。全书共7100余字，记述了木工、金工、皮革、染色、刮磨、陶瓷等6大类30个工种的内容。书中明确记载了"六齐"配方，转换成今天的表达就是铸造青铜合金时，铜与锡的配比方法，是世界上最早的合金配比记录。

⊙图中是铜制兵器，在我国古代，人们很早就掌握了合金配比方法

七鼎，士大夫用五鼎，普通百姓不能用鼎。青铜器种类繁多，按用途分为食器、酒器、水器、乐器、兵器、农器等，从西周时期起，中国古人已掌握了铜矿开采和冶炼技术，商周时期因此进入"青铜时代"。

亚里士多德论证地圆说

"人生最终的价值在于觉醒和思考的能力，而不只是生存。"真是语出惊人。说出此话的就是敢于和老师争辩、有独立思想、勇于创新和进取的古希腊哲学家、科学家亚里士多德。公元前6世纪—公元前4世纪是古希腊文明鼎盛时期，那时人们开始探索地球的奥秘，许多人认为大地是平板一块，但亚里士多德凭着自己细致的观察，提出大地是球体。他敢于向传统观念挑战，论证了地圆说。

时间轴
约前340

　　亚里士多德出生于希腊北部地区，父亲曾是马其顿国王的御医。他从小就有良好的家庭教养，天资聪颖，非常好学。18岁那年，他被送到雅典的柏拉图学院学习，此后20年间，亚里士多德一直在这所学院深造，直至他的老师柏拉图去世。

　　柏拉图是著名的哲学家，亚里士多德从柏拉图身上学到了认识世界的基本方法。但是，亚里士多德可不是个只崇拜权威，在学术上唯唯诺诺而没有自己的想法的

⊙亚里士多德雕像

人。他没有延续和继承老师大谈哲理的风格和个人魅力，而是努力地收集各种图书资料，勤奋钻研和观察，甚至为自己建立了一个小小的私人图书室。

那时的学术界还没有划分得那么细致，也没有人把自己局限在某一个专门的领域。对地球的认识，大家都在积极探索。渐渐的，亚里士多德在许多问题上跟老师有了分歧，他不断萌生新的观点，经常与老师争辩。公元前347年，柏拉图去世，但他的思想和治学理念在整个学院根深蒂固。亚里士多德不堪忍受，终于离开了这座著名的学府，到外地去讲学。公元前343年应腓力二世之邀，他出任皇太子的宫廷教师。直到公元前335年才再回雅典，他创建了自己的学院。在自己创建的

⊙与老师争辩，左为柏拉图

学院里，亚里士多德在治学上倡导多思多想，鼓励创新思维。他并不满足于仅仅提出"怎样"的问题，而且还要提出"为什么"的问题，这在当时来说是非常了不起的。

例如，在对地球的认识上，亚里士多德以观察到的事实为依据，同时深刻地剖析为什么会出现这种现象。他指出，在海上我们看到远处的船只时，总是先看见桅杆，后看见船身，而船只离去时正好相反。这说明什么呢？夜间从北向南或从南向北走，会

⊙希腊出土的亚里士多德胸像

看见有星星从前方地平线上升起来，另一些星星却在后方地平线下消失。这是怎么回事呢？通过对月食的观察，亚里士多德注意到，掠过月亮表面的地球影子周边是凸形的，这又是为什么呢？亚里

⊙前人所绘的观察远方船只示意图

士多德认为这都与地球的形状有关。月食发生时地球正处于日月之间的位置，由于地球是球形的，投射在月球上的暗影就显示为凸形，暗影的形态正是地球本身的形状造成的。

以当时的条件，亚里士多德

论证地圆说所用的这三个例子，仅仅是依据观察到的事实，并非通过严格或深奥的推理或计算，但这正是哲学家思想的结晶，是开阔的视野、缜密的思维才能达到的高度，也是亚里士多德长期学习和思考的必然结果。在后来的研究中，亚里士多德过多地强调了地球的作用，认为地球是宇宙的中心；地球和天体是由不同的物质所组成的；地球上的物质由水、气、火、土四种元素所构成，而天体由第五种元素，即被他称为"以太"的物质构成。这些创新思维震动了整个科学界，在很长一段时间里都成为人们津津乐道的话题。

当然，亚里士多德的思想与

⊙从月食观测得到证据

今天的科学认识还有很大距离，但这并不奇怪，因为按照当时的思想认识和科学水平，人们对宇宙的认识还太浅薄，还不具备论证宇宙形成和演化的科学基础。

亚里士多德代表了西方科学思想的一个时代，他致力于解释众多的地球科学现象，并按照自己的思路进行综合，因而在西方科学史上的影响是巨大的。他的那些观点不管正确与否，足足支配了西方思想界1800年之久。例如，他的地球不动和处于宇宙中心的错误说法，直到16世纪的哥白尼时代才被终结。他的影响也不仅仅局限在哲学界，正因为如此，马克思称赞亚里士多德是古希腊哲学家中最博学的人物，而恩格斯则称他是古代的黑格尔。

◎麦哲伦像

麦哲伦的壮举

1519年9月，葡萄牙航海家麦哲伦率领一支船队，用3年的时间完成了环绕地球的航行，船队从西班牙的圣罗卡港出发，一直向西航行，横渡大西洋、太平洋、印度洋，又重新进入大西洋。最后于1522年9月回到圣罗卡港。这是人类历史上第一次成功环绕地球的航行，从而在亚里士多德后，通过航海直接证实了地球是球形的。

工程地质杰作——都江堰

都江堰水利工程位于四川省成都平原西部的岷江畔，是战国时期秦国蜀郡太守李冰主持修建的一座大型水利工程，也是全世界迄今为止年代最久、唯一留存、以无坝引水为特征的宏大工程地质杰作。它使堤防、分水、泄洪、排沙等环节相互依存、互为衔接，两千多年来一直扼守岷江，惠及后代子孙。

四川成都平原在古代是一个水旱灾害十分严重的地方。岷江是长江上游的一大支流，上游流经地势陡峻的万山丛中，一到成都平原，水流速度突然减慢，因而夹带的大量泥沙和岩石随即沉积下来，淤塞了河道。每年雨季到来时，岷江和其他支流水势暴涨，往往泛滥成灾；雨水不足时又会造成干旱，给沿江地区的百姓带来很大危害。

秦昭襄王五十一年（公元前256年），李冰任蜀郡太守，他决意为民造福，排除洪灾之患，开始主持修建都江堰水利工程。李冰的构想是将岷江水流分成两条，其中一条水流引入成都平原，这样既可以分洪减

⊙后人无限崇敬李冰父子

灾，又能引水灌田，变害为利。为此，李冰在儿子二郎的协助下，邀集有治水经验的农民，对岷江沿岸的地形和水情作了实地勘察，决心凿穿玉垒山引水。在当时的条件下这是一项艰巨的工作，因为那时还没有火药（火药发明于后来的东汉时期），不能爆破。李冰决定以火烧石，通过热胀冷缩使岩石爆裂、解体，大大加快了工程进度，终于在玉垒山凿出了一个宽 20 米、高 40 米、长 80 米的山口，因形状酷似瓶口，故取名"宝瓶口"。而开凿玉垒山

分离的石堆叫"离堆"。宝瓶口起着"节制闸"的作用，可自动控制分流江水的进水量，是人工凿成的控制内江进水的咽喉。

宝瓶口引水工程完成后，虽然起到了分流和灌溉的作用，但因江东地势较高，江水难以流入宝瓶口，李冰父子率众又在距玉垒山不远的岷江上游和江心筑起一个分水堰，它是用装满卵石的大竹笼放在江心堆砌而成，好像一个狭长的小岛，形如鱼嘴。岷江流经鱼嘴，被自然分为内外两江。外江仍循原流，内江经人工

⊙构思巧妙的分水鱼嘴

造渠，通过宝瓶口流入成都平原。为了进一步起到分洪和减灾的作用，在分水堰与离堆之间，又修建了一条长200米的溢洪道流入外江，以保证内江无灾害。溢洪道前修有弯道，江水形成环流，江水超过堰顶时洪水中夹带的泥石便流入到外江，这样便不会淤塞内江和宝瓶口水道，故取名"飞沙堰"。飞沙堰的设计运用了回旋流的原理。

都江堰不仅是个水利工程，而且也是杰出的工程地质范例，它充分利用当地西北高、东南低的地理条件，根据岷江出山口一带特殊的山势、地形、水脉、水势，因势利导、综合利用、无坝引水、自流灌溉，使堤防、分水、泄洪、排沙、控流相互依存，共为一项彼此依存的工程体系。

都江堰工程的伟大，是以不破坏自然资源为前提，充分利用了自然条件，变害为利、惠及人类。可以说，李冰父子开创了中国古代水利史上的新纪元，奠定了中国工程地质学产生的基础，在世界科学技术史上写下了光辉的一章。都江堰水利工程，是中国古代人民智慧的结晶，是中华文明划时代的杰作。

李冰治水，功在当代，利在千秋。成都平原能够如此富饶，被人们称为"天府"乐土，从根本上说，是李冰创建都江堰的结果。所以《史记》上说，都江堰的建成，使成都平原"水旱从人，不知饥馑，时无荒年，天下谓之天府也"。两千多年来，李冰父子的功绩一直为世人所推崇，在世界科技发展史上也留下了辉煌的篇章。

ZHEN GUI SHI LIAO

珍贵史料

享誉世界的工程

元世祖至元年间，意大利旅行家马可·波罗从陕西汉中骑马到四川，专门考察都江堰，这在《马可·波罗游记》一书中有记载。清同治年间，德国地质学家李希霍芬来都江堰考察，以行家的眼光盛赞工程及灌溉方法的完美，认为其在世界各地无与伦比，并在1872年出版的书中详细记述，成为把都江堰工程介绍给西方世界的第一人。

⊙著名的都江堰工程

第一个测量地球周长的人

地球是人类居住的星球，对于地球，你知道多少？面对地球这个庞然大物，有人竟然用最简单的测量方法计算出地球的周长，这个人就是古希腊的埃拉托色尼。由于在地理学方面的重大贡献，埃拉托色尼被后人所推崇，并被尊为"地理学之父"。

亚里士多德从科学的角度论证了地圆说，这是正确认识地球的第一步。下一步，球形的地球到底有多大？这又是个难解之谜。在当时的条件下，要想计算出地球的大小简直是不可能完成的任务，但古希腊学者埃拉托色尼就轻而易举地完成了这个任务。

埃拉托色尼从小接受过良好的教育，后来成为一位博学的哲学家，同时通晓天文学、地理学和数学，还是一位令人尊敬的诗人。在科学启蒙时代，自然科学还没有学科领域的界限，一些才华横溢的人因此成为博物学家。埃拉托色尼

就是这样的人，他的广泛兴趣使得他学识渊博、眼光独到。

埃拉托色尼生活的年代，是古代东地中海地区经济和文化最繁荣的时期，他赶上了一个好时代，加上个人的勤勉，很快成为一颗冉冉升起的明星。埃拉托色尼应国王托勒密三世的聘请担任皇家教师，并被任命为亚历山大图书馆馆长。亚历山大图书馆鼎鼎有名，当时藏书 54000 卷，被公认为全欧洲最伟大的图书馆及最高科学和知识的中心，而馆长之职在当时是希腊学术界最具权威的职位，许多与埃拉托色尼同时代的著名人物如哲学家亚里士多德、物理学家阿基米德等都没能担任这一职务，而埃拉托色尼担任馆长一直到他逝世为止，这足以说明他在古希腊学术界

享有崇高的声誉。

当得知亚里士多德通过日食观察，从科学的角度证实地球是球形的之后，埃拉托色尼深表赞同，他想对地球更进一步地研究，即测量出地球的周长，进而得到地球的质量和大小。但是，怎样得知地球的周长呢？如果徒步去丈量地球的周长，那无疑是天下最大的傻子，为此埃拉托色尼一直苦心思索。

功夫不负有心人，埃拉托色尼无意中发现：在亚历山大城以南约 800 千米的塞恩城（今埃及阿斯旺）附近，有一口远近闻名的井，每当夏至正午时分，阳光可以一直照到井底，吸引很多人一探究竟。根据资料，这一地区正好位于北回归线上，因而这时所有地面上的直立物都应该没有影子。但是，亚历山大图书馆外的一座方尖塔却有一段很短的影子，这是为什么呢？埃拉托色尼认为：方尖塔的影子是由亚历山大城的阳光与塔形成的夹角所造成的。基于地球是球形的及阳光

⊙古希腊文明鼎盛时期

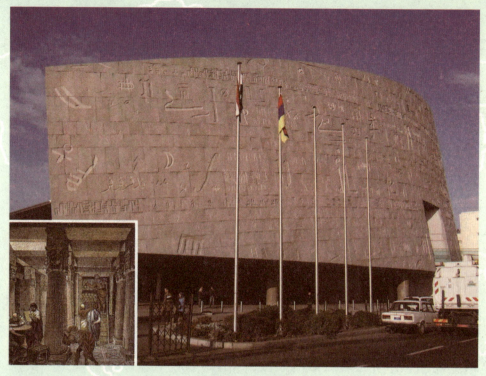

⊙亚历山大图书馆，左下角为埃拉托色尼时代该图书馆景象

直线传播这两个前提，从假想的地心向塞恩城和亚历山大城引出两条直线，其中的夹角应等于亚历山大城的阳光与方尖塔形成的夹角。按照相似三角形的比例关系，已知两地之间的距离，便能测出地球的圆周长。几何学的推导帮助埃拉托色尼完成了测量地球周长的任务，测出的夹角约为7度，是地球圆周角(360度)的五十分之一，由此推算地球的周长大约为4万千米，这与实际地球周长(40075千米)相差无几。

后来，埃拉托色尼还算出了太阳与地球间距离为1.47亿千米，与实际距离1.49亿千米也惊人地相近。再次证明了埃拉托色尼的独特创新能力和博大智慧。

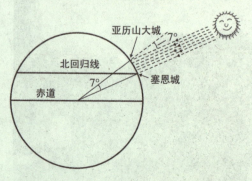

⊙埃拉托色尼的测量原理示意图

⊙ 纪念埃拉托色尼的纪念章

埃拉托色尼成功测量了地球的周长给我们两点启迪：一是要善于在知识的海洋中汲取营养。由于埃拉托色尼长期担任亚历山大图书馆馆长，便于利用丰富的馆藏和大量地理资料及地图，使他能够在参考文献资料的基础上，做出科学的创新。二是要善于观察和思考，埃拉托色尼由塞恩城的那口井受到启发，并把许多因素结合起来，为他制订测量方案奠定了基础，从而完成了看似不可能完成的任务。

⊙ 应用人造卫星对地球进行全新的观测

地中海火山大爆发

自古以来人们就对火山心存敬畏。在古希腊，人们认为火山爆发是神在惩罚人类；而古罗马人也认为，火山由火神来控制，他发怒时就会让火山喷发。当人们对地球尚不完全了解时，对自然灾害也不会有科学的解释。现在人们知道，地下岩浆从深部向上运动，炽热的岩浆喷涌到地表，就会形成火山爆发。

自罗马时代以来，意大利的维苏威火山已经爆发过几十次，摧毁了很多城镇和乡村。公元 79 年 8 月，那是个炎热的中午，位于那不勒斯湾的维苏威火山冒出一股浓烟，后来开始向四面分散，天空中升起个大"蘑菇"。在这一令人困惑的过程中，人们偶尔看到闪电似的火焰，火焰闪过后，维苏威火山周围显得比夜晚还要黑暗。突然，伴随着隆隆的轰响，灼热的火山砾和火山渣冲向天空，空气骤然升腾，一切都似乎要融化了。在维苏威火山附近有两座小城，一座是距火山不到 8 千米的庞贝城，另一座是不到 5 千米的赫库兰尼姆城，它们都是古罗马帝国颇有名气的地方。住在这两座小城里的人们刚开始还饶有兴致地观看天空中出现的大自然奇景，但很快就觉得不对劲儿了，死神正在向他们靠近。当企图逃离时，已经太晚了，悲惨世界在他们面前展现……

◎痛苦挣扎的人（根据发掘出的遗体复原）

⊙维苏威火山口

这次地中海火山大爆发被载入了史册。

一位受惊的年轻人目睹了这次火山爆发，这就是罗马学者小普林尼。他的叔父死于这场火山灾难，他则观察和记录了这次持续了30小时的火山喷发，并把观察到的现象告诉了一位历史学家。按照他的记述，在火山喷发时，火山灰直冲云天，像一棵巨大的松树，太阳被火山灰遮掩，白天如同黑夜。然后，灰尘如同厚厚的土墙一样塌落下来。地面不断地颤动，非常强烈。

大海也有明显的变化，海面突然退回去了，然后又被一阵地震逼了回来。今天的地质学家将这一

⊙从空中俯瞰意大利的一次火山爆发

现象称为海啸。

维苏威火山的这次爆发可以分为两个阶段：开始阶段，巨大的爆炸将火山灰、火山弹以及其他火山物质喷上天空，形成了巨大的黑色烟云。随着黑云的扩散，下起了白色的"暴雨"，细小的浮石和其他碎片开始从空中飘落到庞贝城内。几小时后，街道全被火山灰填满，房屋顶不堪重压，纷纷垮塌。而赫库兰尼姆城由于在火山的上风头，幸免于难，落在那里的火山灰很薄。但在火山喷发的第二阶段，赫库兰尼姆城就厄运临头了，随着巨大的爆裂声，火山口的底部像一个封住瓶口的塞子，在巨大的压力下难以承受，被撕成碎块喷向天空。火山爆发产生的黑色的巨大云团上下翻滚，毁灭性的火山熔岩流铺天盖地直冲而下，它们是温度高达 300℃以上的气体、熔岩和石块的混合物。

两天之后，赫库兰尼姆城被埋没在 20 米厚的火山堆积物下。这个小城虽然逃过了第一阶段的爆发，却抵挡不住 6 次火山熔岩流的冲击，人们以后再也没有找到它。而庞贝城只盖上了约 7 米厚的火山灰，在地下深藏 1600 多年后，人们终于发现了它。如今庞贝城的废

⊙庞贝遗址（现已开发为博物馆，每年吸引着成千上万的人前来参观）

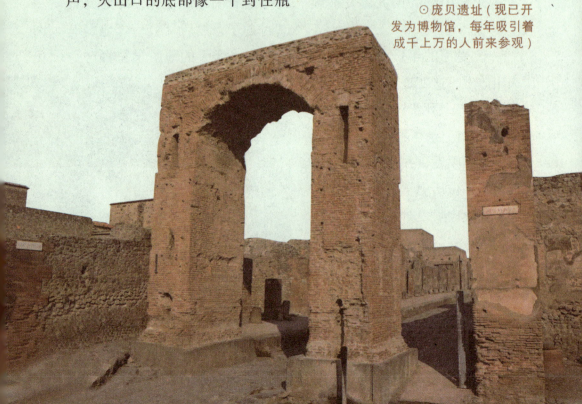

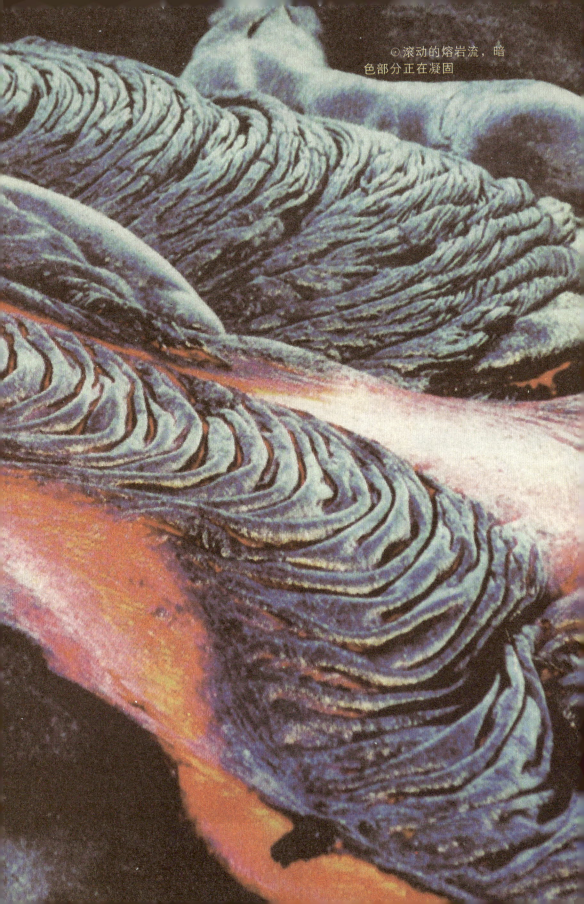

◎滚动的熔岩流，暗色部分正在凝固

⊙远眺维苏威火山

墟已经被整体发掘出来，建成了可供人们参观的博物馆。

小普林尼是历史上第一位观察和描述火山爆发的人，为了纪念他的勇敢行为，科学界把维苏威火山的喷发形式命名为普林尼式喷发。

⊙维苏威火山喷发

今天，站在维苏威火山口的边缘可以清楚地看到整个火山的情况。火山口深约 100 多米，由黄、红褐色的固结熔岩和火山渣组成。熔岩和火山灰经常交替出现，表明维苏威火山经历了多次喷发。根据史料记载，自公元 79 年的这次大爆发后，分别在公元 203 年、472 年、512 年、787 年、968 年、991 年、999 年、1007 年和 1036 年多次喷发。后来经过几个世纪的静止，1631 年 12 月 16 日又出现一次剧烈爆发。1944

年二战期间维苏威火山再次喷发时，从火山顶部的中心部位流出大量熔岩，喷出的火山砾和火山渣冲向天空，许多飞机的引擎都受到了损害。难得的火山爆发奇景使正在山下激战的敌对双方士兵放下了武器，纷纷跑去领略大自然的威严。可以说，在过去的500年里，维苏威火山多次爆发，被熔岩、火山灰、碎屑流、泥石流和致命气体夺去的生命不计其数。

目前，维苏威火山正处在爆发结束以后的一个沉寂期。如果按照以往记录推算的话，维苏威火山的下一个活跃期距离我们今天还相当遥远。尽管自1944年以来维苏威火山没再出现喷发活动，但平时维苏威火山仍不时地有喷气现象，说明火山并未"死去"，只是处于一种休眠状态，说不定什么时候就会有一股热流从火山口冲出地面，火山爆发将再次来临。

◎美国著名的圣海伦斯火山

形形色色的火山

据统计，在地球上已知的"死火山"约有2000座；已发现的"活火山"有523座，其中陆地上有455座，海底火山有68座。排在世界前十位的火山有3座分布在地中海沿岸，威胁着人类的安全，它们是维苏威火山、斯德朗博利火山和埃特纳火山。厄瓜多尔的科多帕西火山海拔5897米，是世界上最高的活火山。日本的富士山是世界上最美的火山，呈标准的锥状，海拔3776米，目前正处于休眠期。

美国的圣海伦斯火山也是一座著名的火山，休眠123年后于1980年3月27日突然复活，火山灰随气流扩散至4000千米以外，威力强大。

托勒密对地理学的贡献

把"上知天文下知地理"的桂冠给予托勒密一点儿也不过分，因为他是天文学家，同时又是地理学家。托勒密提出了地理学的研究范畴，为地理学的创立奠定了基石。尽管他的一些理论在今天看来已经过时，但在当时的历史条件下，他的地心说以及在地理学方面的实践不仅影响深远，而且具有一定的进步意义。

公元 127 年，年轻的托勒密到亚历山大求学。在著名的亚历山大图书馆，他阅读了大量书籍，学习了天文观测和大地测量，并长期住在亚历山大城从事科学活动。

托勒密对科学界的影响，与他倾注前半生精力完成的《天文学大成》有很大关系。这部巨著共 13 卷，是一部西方古典天文学百科全书。在这部著

⊙托勒密像

作中，托勒密主要论述了宇宙的构成以及对地球的认识，阐述了地心说，认为地球居于宇宙的中心，日、月、行星和恒星都围绕着地球运行。其实，地心说是亚里士多德的首创，托勒密只是全面继承了亚里士多德的地心说，

并利用前人的积累和他自己长期观测得到的数据，提出了新的认识。例如，他把亚里士多德的9层天扩大为11层，并设想，各个行星都绕着一个较小的圆周运动，而每个圆的圆心则在以地球为中心的圆周上运动等。在中世纪，这部著作一直被尊为天文学的经典，流行了1300年之久。

托勒密的另一部著作《地理学指南》（8卷）却是对地理学的贡献。托勒密认为地理学是对地球进行整体认识的科学，并通过对已知地区和有关的一切事物作线性描述，即用绘制图形体现出来。因此该书中有大量地图，他的许多观点都围绕制图要领和所需资料展开叙述。

如何精确地绘制地图呢？托勒密提出了两种新的地图投影法：圆锥投影和球面投影。其中，圆锥投影是设想将一个圆锥套在地球体上，把地球上的经纬线网投影到圆锥面上，然后沿着某一条母线（经线）切开圆锥并展开成平面，就得到圆锥投影图。根

⊙托勒密继承了亚里士多德的地心说

据圆锥投影变形分布情况，这种投影适于制作中纬度沿东西方向延伸地区的地图。由于地球上广大的陆地位于中纬度地区，又因为圆锥投影经纬线网形状比较简单，后来一度被广泛应用于编制各种比例尺地图。

在托勒密的地图上，全部以上端为北方，这是由于当时有人居住的地区大多数位于北半球。后来发明罗盘后，磁针的一端永

⊙托勒密用地图完成对世界的描绘

远指向北方，与托勒密地图不谋而合，由此带来使用上的便利，以后绘制的地图就一直沿用"上北下南"。

在托勒密的全球地理构思中，把有人居住的世界想象为一片连续不断的陆块，中间包围着一些洋盆，在东部，亚洲大陆向南延伸，包围着印度洋。并在地图上标明：印度洋的南面还存在一块未知的南方大陆，与北半球的大陆相抗衡。直到18世纪英国探险家詹姆斯·库克船长的环球探险航行，这块臆想出来的大陆才被从地图上抹掉。

托勒密的这个错误也给后来哥伦布的地理大发现涂上了阴影。因为哥伦布设计的环球旅行航线主要受托勒密的启发。哥伦布相信通过一条较短的航线，就可以到达亚洲大陆的东海岸，结果在他设想的亚洲东海岸位置上发现的却是美洲新大陆。然而哥伦布至死都认为到达了印度，因为按照托勒密地图，那里标绘的就是亚洲大陆。

托勒密对地理学的贡献不仅仅是《地理学指南》和地图的投影法，他还制造了用于测量经纬度的类似浑天仪的仪器（星盘）和后来驰名欧洲的角距测量仪。在数学方面，他用圆周运动组合解释了天体运动，这在当时被认

⊙ 名画《雅典学派》中的
托勒密形象（中）

为是绝对准确的。他还论证了四边形的特性，即有名的托勒密定理。他对光学也作过研究，认为光线在折射时入射角与折射角成正比关系。托勒密的一生是对科学事业孜孜以求的一生，月球和火星上以托勒密名字命名的环形山，就表达了后人对他深深的敬意。

ZHI SHI LIAN JIE
知识链接

什么是地理学？

地理学包括自然地理学和人文地理学两大领域，前一领域包括地貌学、土壤学、海洋学、生物地理、环境地理等，后一领域包括经济地理、人文地理、历史地理等。此外，地理学还涵盖地图学、方志学、地理信息系统等分支学科。这和地质学研究地球的物质组成、内部构造、地壳运动等有所不同。地质学着重研究地下，地理学则着重研究地表。

⊙ 根据托勒密的制图原理绘制的小亚细亚地图

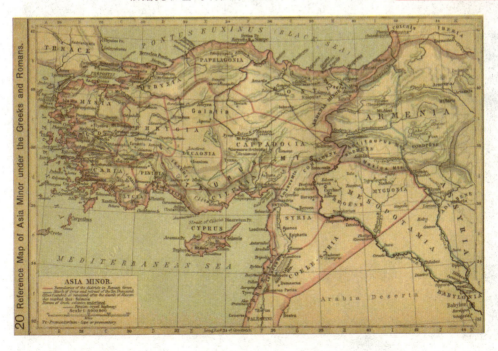

张衡创制地动仪

我国东汉时期地震频繁，据史书记载，自永元四年（公元92年）到延光四年（公元125年）的三十多年间，共发生了23次大的地震。震区有时波及几十个郡，损失巨大。为了及时了解地震的方位和大小，阳嘉元年（公元132年），张衡成功创制了监测地震的仪器——候风地动仪，这是可载入史册的世界上第一台地震仪。

候风地动仪外形像巨大的酒樽，由精铜制成。地动仪里面有精巧的结构，主要是中间的都柱（相当于一种倒立型的震摆）和它周围的八道（装置在摆的周围的8组机械装置）。在樽的外面相应地设置8条口含铜珠的龙，按东、南、西、北、东南、东北、西南、西北八个方向排布。每个龙头下面都卧有一只铜蟾蜍，个个昂头张口。如果发生较强的地震，都柱因受到震动而失去平衡，这样就会触动八道中的一道，使相应的龙口张开，铜珠即落入蟾蜍口中，由此便可知道地震发生的时间和方向。

张衡制造的这台地动仪

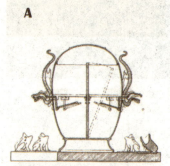

A

B

⊙地动仪及内部结构

相当灵敏准确。公元 138 年的一天，地动仪精确地测知距离洛阳五百多千米的陇西发生地震，表明它的精密程度达到了相当高的水平。欧洲在 1880 年才制造出类似的地震仪，距张衡已经晚了 1700 多年。

张衡出生于南阳郡西鄂县石桥镇 (今河南省南阳市城北石桥镇) 一个破落的官僚家庭。他的祖父是地方官吏，曾任蜀郡太守和渔阳太守。但在张衡幼年时，家境开始衰落，生活常常拮据，有时还要靠亲友的帮助。但这种

⊙ 2005 年重新复制的地动仪

⊙根据张衡的原理复制出的外部形态不同的地动仪

◎除了地动仪，张衡还创制了浑天仪，可用来观测天体

贫困的生活使张衡能够更多地接触到社会下层的老百姓，还能亲历生产、生活实际，加之他勤奋好学、善于思考，这为他后来从事科学事业奠定了基础。

三十而立，步入中年的张衡把他的兴趣逐渐转移到哲学和自然科学方面。安帝永初五年（公元111年），张衡应征进京，先后任郎中、太史令等官职。其中担任太史令时间最长，前后达14年之久。主持了观测天象、编订历法、候望气象、调理钟律（计量和音律）

等诸多事务。在他任职期间，还对天文历算进行了深入的研究。

当时地震非常频繁，据记载，公元119年就发生了两次大地震，造成了非常严重的地质灾害：一次发生在2月，京都洛阳和周围42个郡都受到影响；另一次是在冬天，波及8个郡。当时朝廷规定什么地方发生地震必须及时报告，并由专人记录在案，掌管这项工作的就是太史令。张衡深知责任重大，他想，如果能设计并制造出一种仪器，利用它来测知

◎在我国印制发行的邮票上的张衡形象

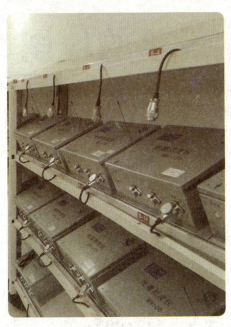

⊙现代地震监测仪

哪个方位甚至什么地方发生了地震，就能掌握基本震情，积极组织救灾了。

通过反复思考和多次设计，张衡头脑中已经形成了地动仪的雏形。

他设想，一根铜柱竖立在地上，如果发生了地震，就会向发生地震的方向倾斜。如果在铜柱周围按一定方向加装上横杆，那么铜柱倾斜到某一方向时，这一方向的横杆也会受到牵连。按照这一思路，地动仪的基本结构由都柱和八道组成，牵一发而动全局，反应非常灵敏。地动仪制成后的几年里，曾发生过数次小的地震，都被准确无误地记录下来。张衡创制的候风地动仪不仅是中国，也是世界上最早的一台监测地震方位的地震仪器，从而开创了人类使用仪器观测地震的历史。

ZHI SHI LIAN JIE
知识链接

为地震把脉

地震监测在今天已不是什么难事，而且也有了许多现代化的手段。把地震监测仪与GPS全球定位系统链接，就可以接收并分析GPS卫星发来的信号，非常精确地得到地表某一点的地理坐标，其精度可达到几毫米的范围，连续多年不间断监测就可以得到这一点在地表非常精确的运动速度，通过研究地壳形变与地震孕育发生之间的关系为地震监测预报服务。

世界上最早的地图

世界上最早绘制地图的人是了不起的人，山川大陆、湖泊海洋要在地图上准确无误地标出来，国家和城市也要在地图上有明确的地理坐标和位置。在欧洲，托勒密最早开始了这项工作，而中国西晋的裴秀被称为"中国科学制图之父"，他的制图理念和实践活动，在某些方面甚至完全超越了托勒密。

在古代中国，对地图的需求随着疆土开发和征服越来越显得重要。公元前135年，汉武帝准备攻打南方的闽越（今浙江南部和福建北部）时，万事俱备，大军即将出发。但淮南王刘安匆匆上书阻拦，理由是所掌握的地图太粗糙，进军闽越难以取胜。可见那时已经有地图了，只是缺乏统一的测绘方法和制图规范，地图

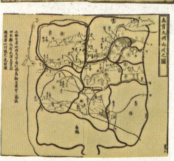

⊙裴秀绘制的几幅《禹贡地域图》

简单粗糙，缺乏实用性。

裴秀出生于公元224年，正处于东汉后的多年战乱期间。34岁那年，开始跟随司马昭征讨叛军，在行军打仗中深深感到地图的重要。公元267年，裴秀被刚登基不久的晋武帝重用，主管全国工程、屯田、交通和水利等，职位司空（相当于宰相）。裴秀做的第一件事就是规范和绘制地图。他认真考证了历代一直奉为经典的《禹贡》一书中记载的山川和地方名称，对所记录的河道、平原、湖泊和高山一一确证，对郡国县邑和城镇变迁也作了校正，组织人力，主持完成了18幅《禹贡地域图》。这部地图集的编绘和完成时间是在公元268—271年间，完成之后，先"藏于秘府"，后"传行于世"。藏于秘府的可能是原件，传行于世的大概是一些复制的抄本。该图比例尺为二寸折千里，即1：900万，图幅虽不大，但携带方便，一目了然，这是我国，也是世界上第一部历史地图集。

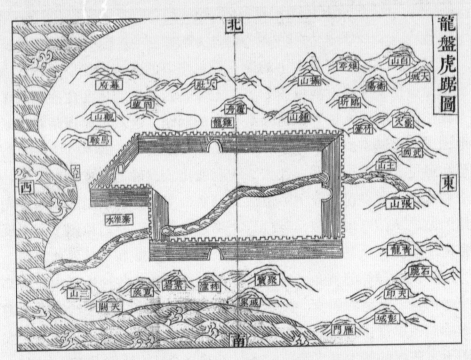

⊙从这幅古建业（今南京）图上可以看出，"道里"是指距离，"高下"是讲地势起伏，它们都是地图的基本要素

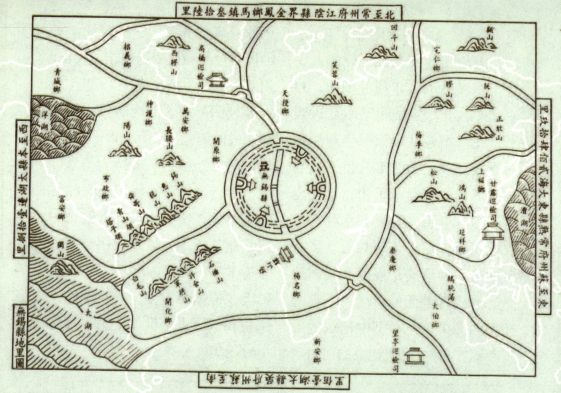

⊙宋咸淳四年（公元 1268 年）编绘的无锡地区图

裴秀在地图学方面做出的最大贡献是他在《禹贡地域图》序中提出的"制图六体"，即绘制地图的六项基本原理：分率、准望、道里、高下、方邪、迂直。用现代语言解释，"分率"是指比例尺，"准望"即方位，"道里"是指距离，"高下"是讲地势起伏，"方邪"则指倾斜的角度，"迂直"是指河流、道路的曲直。按照裴秀的制图原理，它们都是绘成地图不可忽视的基本要素，前三条讲的是比例尺、方位和路程距离，是最主要的普遍的绘图原则，后三条是因地形起伏变化而必须考虑的问题。这六项原理是互相联系、互相制约的，掌握了"六体"，就能比较准确地完成制图过程。例如分率，是说绘制地图时要先确定比例尺，一幅地图上所要反映的地表实际面积总要比地图上的大，此外，各种地形、地物都不可能按其真实大小绘制在地图上，必须根据所要记录的地区大小选择合适的比例尺缩绘在图上，"分率"就表示缩小的程度。

⊙按照制图六体编绘的清初北京西郊图

其实，早在《禹贡地域图》完成之前，裴秀已经熟练地掌握了利用比例尺绘制地图的原则。他曾把一幅巨大的全国地图——《天下大图》，以一寸为百里的比例尺（约1：180万），缩绘10倍，重新编绘成一幅晋朝的全国《地形方丈图》，这一地图一直流传到唐代。这幅图的转绘工作，不采用方格网的办法对图幅加以控制是难以完成的，因此，通常公认我国传统制图的"计里画方"法就是始于裴秀。

裴秀的"制图六体"为后世的地图绘制工作提供了一套完整的规范，是世界上最早的地图纲要。可以说，今天地图学上所应考虑的主要因素，除经纬线和地图投影外，制图六体几乎都已经提出来了。早在1700多年前，裴秀不仅已经认识到要在地图上表现实际地形时有哪些相互影响的因素，而且知道用比例尺和方位去加以校正，这在地图发展史上是具有划时代意义的成就。

⊙刻于画像砖上的荆轲刺秦王的故事（红色框内）

沈括和他的《梦溪笔谈》

沈括是北宋时期博学多才、成就显著的科学家。他精通天文、数学、物理学、化学、地质学、气象学、地理学、农学和医学等，在我国科学史上具有重要的地位。1979年，中国科学院紫金山天文台将新发现的一颗小行星2027命名为沈括，以纪念他对中华民族文化和科学发展的不朽贡献。

沈括自幼对天文、地质等有着浓厚的兴趣，勤学好问，刻苦钻研。由于他的父亲当过泉州、开封、南京、成都的知府，随父合家举迁，他有机会去过全国很多地方，因此视野和见识比同龄人开阔得多。沈括每到一地，都非常关注当地与自然科学相关的事情，把所见所闻都收入他晚年的一部著作《梦溪笔谈》中。

⊙考察民间炼铁。许多在别人看来不起眼的情况，沈括都不轻易放过

沈括涉足地球科学的许多领域，他经过实地调研和认真观察后，提出的观点或论断往往都十分精辟。例如，根据太行山里螺蚌壳和卵形砾石的带状分布，推断远古时期这一带曾经是海滨，后来黄河、滹沱河、桑干河等

⊙形形色色的化石（A.三叶虫；B.菊石；C.腕足动物；D.狼鳍鱼。除狼鳍鱼生存于陆地淡水外，其余均为海洋生物）

携带的泥沙大量沉积，形成了广阔的华北平原。

　　沈括是世界上最早了解和认识化石的学者之一。他观察并研究了从地下发掘出来的鱼类、甲壳动物以及各种植物化石，明确指出它们是古代生物的遗迹，并且根据地层中埋藏的化石推断地质历史时期的环境变化。这些认识表现了中国古代朴素的唯物主义思想。而在欧洲，直到文艺复兴时期的到来，意大利人达·芬奇才对化石的性质有所论述，比

⊙我国 1962 年发行纪念邮票上的沈括像

起沈括来整整晚了 400 多年。

沈括随父亲居住在泉州时，听说江西铅山县有一眼奇特的苦泉，当地村民将苦泉水放在锅中煎煮，熬干后就能得到黄灿灿的铜。沈括很是不解，于是长途跋涉来到铅山县亲自调查。原来，在铅山县有几条奇特的溪水，它们呈青绿色，味很苦，不能饮用，人们称之为"胆水"。"胆水"呈青绿色是因为含有浓度很高的亚硫酸成分。村民将"胆水"放在铁锅中煎熬，生成了"胆矾"，"胆矾"就是亚硫酸铜。亚硫酸铜再在铁锅中煎熬，遇热后与铁发生化学反应，就分解成铜与铁。由于历史的局限，沈括还不能明确地揭示"胆水化铜"的化学原理，但已经阐述了"胆水炼铜"的全过程，同时也记录了在铅山周围有规模不小的铜矿资源。

◎雁荡山风貌

随着时代的进步和科学的发展，沈括的发现和记载终于给了后人应有的回报：沿着铅山县的胆水向北寻找，果然在贵溪县找到了巨大的铜矿，这座铜矿就是现在江西铜业公司的开采地。2011 年，江西铜业公司的电解铜已经达到年产 90 万吨，产量在国内居第一位，在世界居第三位。江西铜业的发展，常会使人们想起沈括地矿调查及有关"胆水炼铜"的记载。

沈括在地理学上也有卓越的建树。他游历了许多名山大川，每到一地总是不辞辛劳，四处寻访。许多在别人看来不起眼的情况，沈括都不轻易放过。当他在浙东察访时，观察了雁荡山峰峦的地貌特点，分析了它们的成因，明确指出这是由于水流侵蚀作用的结果。他还联系到西北黄土地区的地貌特征，作了类似的解释。沈括视

⊙ 沈括像

察河北时，曾把所考察的山川、道路和地形，在木板上制成立体地理模型。这个做法很快便被推广到边疆各州。熙宁九年（公元1076年），沈括奉旨编绘《天下州县图》。他查阅了大量档案文件和图书，经过近20年的不懈努力，终于完成了我国制图史上的一部巨作《守令图》。这是一套大型地图集，共计20幅，图幅之大，内容之详，都是以前少见的。在这套图的绘制上，沈括继承了裴秀的制图六体，还提出互融、傍验等新的要考虑的因素，使图的精度有了进一步提高。他还把四面八方细分成二十四个方位，为我国古代地图绘制的理论和方法做出了重要贡献。

沈括50岁那年，出任陕西延安府太守。履职期间，他仍然不忘对自然现象的观察和研究，调查和记录了西北民间开采石油的过程。这在《梦溪笔谈》中有专门的记述。沈括在观察时非常认真，他发现这种油很像清漆，燃起来像火炬，便用"石油"术语来描述它，还将石油燃烧后产生的烟尘制成了墨，认为其光泽像漆，即使是上好的松墨也比不上它。沈括写过一首《延州诗》，

⊙梦溪园——沈括晚年居住并撰写《梦溪笔谈》的地方

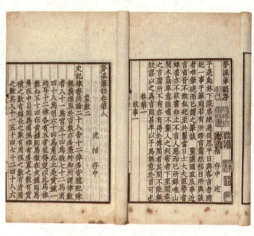

⊙《梦溪笔谈》以近一半的篇幅阐述自然科学知识

描述延州开采石油形成烟尘滚滚的盛景："二郎山下雪纷纷，旋卓穹庐学塞人。化尽素衣冬未老，石烟多似洛阳尘。" 如今，他笔下的"延州石油"得到后人重视，在那里已经建成我国西北的一处著名油气生产基地，这就是长庆油田，年产量达到了 2000 万吨，成为中国西北地区熠熠生辉的能源之星。

⊙ 长庆油田

化石趣谈

化石是保存在地层中的史前生物的遗体、遗物或遗迹，它们好像地层中的"标签"。利用这种"标签"能有效地识别出各个年代的地层，进行详细的划分和对比。科学家们可以利用化石恢复从老到新的完整的地层系统，还可以依据化石重新塑造古环境。如有孔虫、鹦鹉螺等为海洋生物，赋存这些化石的地方在远古时期就是海洋。由于化石是生物产生和演变的直接证据，目前所掌握的有关动植物在演化方面的信息绝大多数都是从化石中得到的。

郑和七次下西洋

在中国明代，曾发生过扬威四海、越洋远行的壮举，郑和率船队七次穿越太平洋、印度洋，累计航程5万多千米，到达了东南亚、阿拉伯和东非的30多个国家和地区。由于当时把南海以西的印度洋及其沿海地区和岛屿统称"西洋"，故有"郑和下西洋"之说。

⊙郑和航海路线图

郑和下西洋的壮举，不仅在15世纪的欧洲，就是在今天也令西方世界感到震惊。事实上，郑和率领的船队先于哥伦布发现美洲大陆、澳洲等地，在1405年之后的28年间，他率领庞大的船队七次远航，从西太平洋穿越印度洋，直达西亚和非洲东岸。他的航行比哥伦布发现美洲大陆早87年，比麦哲伦早114年。在世界航海史上，郑和的七次远洋开辟了贯通太平洋西部与印度洋等大洋的直达航线，从规模和持续时间上都是西方探险家们难以比拟的。

郑和出生于云南昆阳（今晋宁），本姓马名和，字三保。

战乱时被俘押送北上，后被送进朝廷净身做了太监。他一直追随燕王朱棣，并为其立下战功，成为朱棣最信任的人。朱棣后来登基成为明成祖，赐"郑"姓给马和，并任命他为内官监太监，官至四品，宣德六年（公元1431年）钦封郑和为三保太监。

明代初期，矿冶、纺织、陶瓷、造纸、印刷等得到很大发展，传统的丝织品、瓷器一直在国际上享有很高的声誉。造船业的发达，航海技术的进步，以及罗盘仪的使用，航海经验的积累，海洋地理知识的掌握等，特别是明初工商业的恢复和发展，海外贸易的发达，对外移民的增加，所有这一切，都为郑和下西洋准备了坚实的经济基础，并提供了较为雄厚的物质条件。明初这种强盛的国势和发达的商业，孕育了同海外各国的联系，扩大了海外贸易和来往的要求。郑和下西洋宣扬国威，加强与世界各国的贸易往来，是水到渠成之举。

郑和第一次下西洋只是到达

⊙郑和航海用船被称为"宝船"，图为"宝船"复制模型

了印度尼西亚一带，明时称爪哇国。因爪哇国内乱，郑和船队登陆后人员被误杀，后郑和主动调停，委曲求全，以理服人，使双方避免了因误会导致的冲突，爪哇国从此与明朝结好。

1407年，郑和开始第二次出海远洋，这次出行规模要大得多，仅随行人数就超过了两万人。船队先后到达了越南、文莱、泰国、柬埔寨、印尼、斯里兰卡等国的海港，除贸易外，还向沿岸各国的有关佛寺布施了金、银、丝绢等物品。

从1409年第三次下西洋起，每次都保持着相当的规模，航程和到访地点也不断增加。第四次下西洋人数最多，达到27670人。第五次下西洋到达非洲东海岸的索马里、肯尼亚等国家和地区。第七次下西洋时，郑和在途中因

⊙郑和所率的庞大船队

劳累过度一病不起，于宣德八年（公元1433年）四月初在印度西海岸古里（今科泽科德）逝世，时年62岁。后船队顺利返航，于1433年7月回到南京。

郑和下西洋的科学意义在于，确定正确的航线、航道，甚至预测海流、气候变化等都需要较高的科技支撑，而郑和七下西洋的成功表明当时科学技术已经达到了相当的水准。其次，从郑和下西洋的规模看，共有船只62艘，最大的长148米，宽60米，拥有4层甲板。船只吨位之大，数量之多，航海里程之遥远，均证实当时中国的造船工业以及相应的科学技术水平已经与西方国家不相上下，有些方面甚至超越了西方国家。此外，从传世的《郑和航海图》来看，七次下西洋已重视对海洋地理的观测，当时，郑和船队已经把航海天文定位与导航罗盘的应用结合起来，提高了测定船位和航向的精确度。尽管郑和下西洋主要是宣扬明朝的国威，开展海外贸易，但在科学技术方面所取得的进步是值得肯定的。郑和下西洋的壮举在世界航海史上留下了极其辉煌的一页。

最早的航海图集

郑和下西洋后，一部《郑和航海图》得以传世，里面记载了530多个地名，其中海外地名有300个，最远的东非海岸有16个，这些地名大部分是以前图籍中没有的。《郑和航海图》是世界上现存最早的航海图集，与同时期西方最有代表性的《波特兰海图》相比，《郑和航海图》涉及的海洋区域广，内容更丰富，虽然数学精度较低，但实用性胜过《波特兰海图》。

⊙ 郑和航海图（部分）

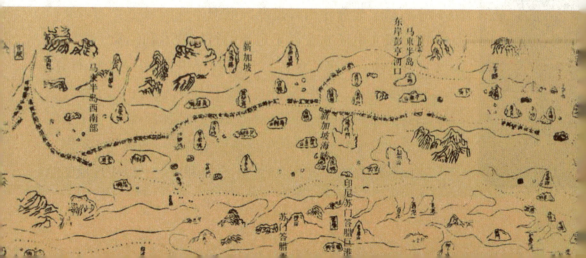

地理大发现的先驱者哥伦布

15—17世纪，以英、法为代表的西方列强打破了意大利人和阿拉伯人的垄断，开辟了前往印度、中国等东方国家的海上通道，促进了经济贸易和开发，这一切都要归功于地理大发现，而地理大发现的先驱者就是哥伦布。尽管哥伦布本人没有到达亚洲，但由他引导的环球航行等探险活动，使人们对地球的认识产生了巨大的飞跃。

⊙哥伦布像

哥伦布出生于意大利的热那亚，自幼喜爱航海冒险。他曾读过《马可·波罗游记》，十分向往印度和中国。哥伦布少年时代没有受过什么正规教育，在帮父亲干活儿和经营中积累了生活的经验。后来哥伦布幸运地来到葡萄牙，从小工、小贩做起，一直辗转于社会的下层，这使他练就了不屈不挠的坚毅性格。后来他成为一名水手，跟随他人航海并逐步独立策划和筹备航海活动。葡萄牙当时是欧洲航海事业的最主要的国度，哥伦布在里斯本获得了远洋航行的技术和经验，学到了许多天文、地理、水文、气象知识，并掌握了观测、计算、制图的学问，这些都为他后来组织远洋航行积累了条件。当时，地圆说已经开始流行，哥伦布深信不疑。为了实现探险和发现的梦想，他先后觐见葡萄牙、西班牙、英国、法国等国首脑，想寻求他们的支持和资助，以实现他的航海壮举，但都遭到了拒绝。

哥伦布没有放弃，他继续奔走游说于各国，连续十几年不动摇。

哥伦布如此执着是因为他有坚定的信念，他认为，地球既然是个球体，那面积如此广大的地球必然还有许多尚未认知的地域；其次，葡萄牙人已经控制了从非洲好望角直达印度的航路，但能够到达印度和中国的，一定不只这一条通道。1492年，新生的西班牙政府被他的坚定信念所感动，决定资助他开辟一条能够到达东方的新通道，哥伦布如愿以偿了。

在西班牙国王支持下，他先后四次出海远航（1492—1493年，1493—1496年，1498—1500年，1502—1504年），开辟了横渡大西洋到美洲的航路，到达了巴哈马群岛、古巴、海地、多米尼加、特立尼达等岛。在帕里亚湾南岸首次登上美洲大陆，实现了地理大发现。

第一次远航始于1492年8月3日，他受西班牙政府派遣，带着给印度君主和中国皇帝的国书，率船员90人，分乘3艘百十来吨的巨型帆船，从西班牙巴洛斯港

⊙哥伦布使用的是百十来吨的巨型帆船

扬帆驶入大西洋，径直向正西方向驶去。经过 70 多个昼夜的艰苦航行，1492 年 10 月 12 日凌晨终于发现了陆地。哥伦布以为到达了印度，后来才知道，这块陆地属于中美洲加勒比海中的巴哈马群岛，并非印度。哥伦布当时为这块新发现的陆地命名为圣萨尔瓦多。10 月 28 日船队到达古巴岛，哥伦布误认为这就是亚洲大陆。随后他来到西印度群岛中的伊斯帕尼奥拉岛（今海地岛），在岛的北岸进行了考察。1493 年 3 月 15 日返回西班牙。

有了第一次航海的经历，加上地理发现的信心，1493 年 9 月 25 日，哥伦布开始了第二次航行。这次远航的规模要大得多，由 17 艘船组成了浩大的船队，参加航海的多达 1500 人，其中包括王室官员、技师、工匠和士兵等。他们从西班牙加的斯港出发，一路向西。这次航海的目的很明确，就是要到他所谓的亚洲大陆印度

⊙为纪念哥伦布发现新大陆而发行的纸币

⊙南美洲印第安人及其文化

建立永久性殖民统治，可惜天不助人，1494年2月因粮食短缺等原因，大部分船只和人员折回西班牙。哥伦布只率领3艘船在古巴和伊斯帕尼奥拉岛以南水域继续进行探索"印度大陆"的航行。1496年6月11日回到西班牙。

第三次航行是从1498年5月30日开始的。他率船6艘、船员约200人，由西班牙塞维利亚出发。航行的目的是要证实在前两次航行中发现的诸岛之南有一块大陆（即南美洲大陆）的传说。7月31日船队到达南美洲北部的特立尼达岛以及委内瑞拉的帕里亚湾。这是哥伦布航海以来的最重要的发现，即欧洲人发现了南美洲。正当哥伦布沉浸在发现的喜悦之中时，有人在西班牙国王面前控告他的航海别有企图，1500年10月，哥伦布被国王派去的使者逮捕后解送回西班牙，船队也因此返回，第三次航行以此告终。

年近50岁的哥伦布并不灰心，被无罪释放后，他又积极组织第四次航行。1502年5月11日，他率船4艘、船员150人，再次从加的斯港出发。由于前三次航

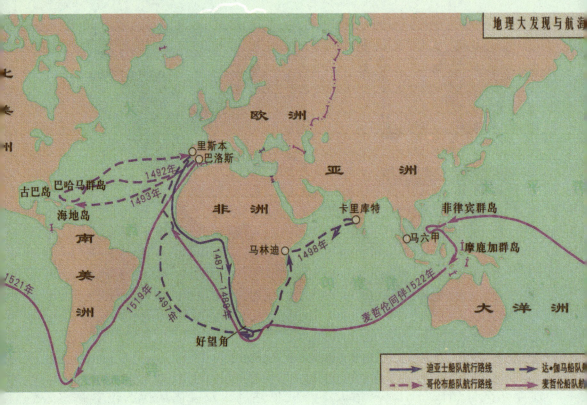

○以哥伦布为代表的几次航海探险与地理大发现

行的发现已经震动了整个欧洲，这次航行引起了许多国家的关注，许多人认为他所到达的地方虽然不是亚洲，但也是一个欧洲人未曾到过的"新世界"。于是西班牙政府对此次远航寄予了厚望。哥伦布到达伊斯帕尼奥拉岛后，穿过古巴岛和牙买加岛之间的海域驶向加勒比海西部，然后向南折向东，沿着洪都拉斯、尼加拉瓜、哥斯达黎加、巴拿马的海岸航行了约 1500 千米，寻找两大洋之间

的通道。随后，他在巴拿马地峡行驶中与印第安人发生冲突，船只被毁。哥伦布于 1503 年 6 月在牙买加弃船登岸，1504 年 11 月 7 日返回了西班牙。

哥伦布的远航揭开了地理大发现的序幕，新航道的开辟改变了世界历史的发展进程。当时欧洲人口正在膨胀，实现地理大发现后，欧洲人就有了可以定居和发展的两个新大陆，也就拥有了能使欧洲经济发生改变的矿产资

◎哥伦布航海船只模型

源和原材料。但同时，地理大发现也导致了美洲印第安文明的毁灭。伴随着地理大发现，西方终于走出了中世纪的黑暗，开始以不可阻挡之势崛起于世界，并在之后的几个世纪中，以海上霸业为手段，把势力渗透到东方，开始以一种全新的工业文明主导世界经济的发展。

◎哥伦布雕像

时间轴
1530

不平凡的"农夫"——阿格里科拉

谁也不会把世界"矿物学之父"与"农夫"联系起来，然而，阿格里科拉的人生就是如此。他出生在德国萨克森州的普通人家，父母为他取了个普通的名字：乔治·鲍尔。但那个年代流行将名字拉丁化，鲍尔将自己的名字改成了阿格里科拉，这还是个普通的名字，意为"农夫"。但这个"农夫"却与地质学和矿物学结下了不解之缘。

阿格里科拉虽然出身平凡，但非常好学，1514 年进入莱比锡大学学习，毕业后曾在茨维考的一所学校教拉丁语和希腊语。后来又回到莱比锡，他除了学习医学以作为将来谋生的手段外，还学习了自然科学和哲学。1523 年，他去意大利学医，回国后开始在当时中欧最

⊙阿格里科拉像

大的矿区波希米亚行医，后来又去了开姆尼茨。

按理说，既然在大学里学的是医学，毕业后选择行医、探究医道才是正理。但阿格里科拉从未把自己局限在行医这个圈子里，而是逐渐把兴趣和大部分精力转向矿物学和地质学，因为在矿区行医过程中，他发现那座城镇的许多居民由于在矿厂工作而染上了肺病。阿格里科拉认为自己必须熟悉矿业的生产流程，才能了解病人的病因。同时他也对矿石及其熔炼物的应用很感兴趣，因为他想将它们用于药物治疗，因此他一头扎进矿石与采矿

⊙阿格里科拉用大量时间详细考察了采矿、冶金及与此有关的种种问题

⊙萨克逊地区发现的银块

行业中。

他从地质学最基本的认识开始，了解岩石的成因、矿藏的生成、矿物和岩石的关系等。他用大量时间详细考察了采矿、冶金及与此有关的种种问题，还经常找矿工和技术人员聊天，了解采矿过程和工作条件，渐渐地，他从一个外行逐渐变成了内行，从矿物学和地质学的门外汉，变成了谙熟地质与采矿的行家里手。1530年，阿格里科拉出版了一本专著，

书中总结了他所搜集到的各类矿业信息，并且描述了萨克逊地区的矿物，特别是矿物的化学成分和性质等。应该说，这在当时是唯一一本涉及矿物学知识的书，使人们在了解和认识形形色色的矿物以及矿业开发方面大开眼界。

在矿区工作中，阿格里科拉

⊙形形色色的矿物使阿格里科拉着迷

试图从矿石和金属中提炼对矿工有用的药物，虽然没有取得成功，但他仍然没有对此方向丧失信心。他在后来的一些论文著作中讨论了治疗矿区职业病问题，并在德国首先实行检疫隔离。

自1533年起，阿格里科拉在开姆尼茨担任药剂师。他把对矿物化学成分和药剂的研究应用于行医实践，获得了良好的口碑。随着"矿物学专家"等一系列头衔接踵而至，阿格里科拉平静的生活完全被打破了。渴望宁静的

"农夫"很快携家带口离开了这个城市，虽然他四处游走，但他的名气还是给他带来了好处，他在几笔矿物开发上的投资成功了，阿格里科拉从此成了有钱人。成为新贵后他没有忘记昔日曾走过的简陋矿区，更没有忘记与此相关的矿物学和地质学。后来，每当他重返这些地方时，都慷慨解囊，资助当地人进行矿山开采和矿业研究。

由于他的人品和声望，1546年，阿格里科拉被任命为开姆尼

⊙现今的矿山开采

⊙ 晶莹剔透的水晶矿

Z *HI SHI LIAN JIE*

知识链接 ◀◀◀

矿物形成的三要素

矿物是怎样形成的呢？以水晶为例，成矿区域必须具有二氧化硅的溶液，这些溶液在漫长的地质时间中逐渐浓缩，又由于在岩石空洞中具备一定的温度和压力，最终形成了一颗颗晶莹剔透的水晶。可见矿物的形成必须有足够的物质来源、足够的空间、足够的时间。

茨的市长兼任萨克逊的法庭评议员，还同时出任查尔斯五世的神圣罗马帝国的大使。在此期间，他出版了许多矿物学和地质学著述，人们最终把"矿物学之父"的荣誉给了这个"农夫"。但荣耀带给阿格里科拉的喜悦，随着一场灾难的到来被抵消了：黑死病席卷了欧洲和他生存的城市。阿格里科拉重操旧业，行使一个医生的职责和义务，当他不知疲倦地照顾病人时，女儿却不幸离世。这个不同寻常的"农夫"，强忍着丧女之痛，在去世前一年，把他对瘟疫的观察和研究，写成了一本科学专著《瘟疫研究》。

⊙ 采矿后留下的空洞

科罗拉多：壮观的地质遗迹

科罗拉多大峡谷是一处举世闻名的自然奇观，位于美国亚利桑那州的西北部。大峡谷两边的岩石构成了一幅幅色彩斑斓的奇特画卷，人们可以从大峡谷的岩壁上观察到从古生代至新生代的各个时期的地层，因而被誉为一部"活的地质教科书"，吸引了全世界无数旅游者、科学工作者的目光，被联合国教科文组织公布为世界自然遗产。

科罗拉多大峡谷全长 446 千米，平均宽度 16 千米，最大深度 1740 米，平均谷深 1600 米，总面积 2724 平方千米。由于科罗拉多河穿流其中，所以被称作科罗拉多大峡谷。"科罗拉多"在西班牙语中意为"红色的河"，这是由于河水中夹带大量泥沙，常常呈现红色的缘故。当然，科罗拉多大峡谷最早是由西班牙人于 1540 年发现的。

科罗拉多大峡谷的形状极不规则，大致呈东西走向，蜿蜒曲折，像一条桀骜不驯的巨蟒匍匐于凯巴布高原之上。峡谷两岸北高南低，抬眼望去，层层叠叠的岩层显露无遗。经过地质学者的多年考察和研究，认为从谷底至顶部显露出自前寒武纪到新生代各时期的系列地层，保存完好，水平层次清晰，化石丰富。此外，各个时代的岩层色调因岩石的种类、风化的程度，所含矿物质成分各有不同：铁矿石在阳光下呈现五彩之色，其他氧化物则产生各种暗淡的色调，石英岩又会显出白色，仿佛一块巨大的调色板，妙不可言。由于海拔的差异，峡谷北岸的气温相对低于南岸。冬季，该地区常有大量降雪。从北岸观望，峡谷的扩张较为明显。大峡谷的边缘是一片森林，越往峡谷中走温度就越高，到峡谷底端则近似

⊙站在大峡谷顶部俯瞰科罗拉多河

⊙令人惊奇的大峡谷奇观

荒漠地带，因此大峡谷中包含了从森林到荒漠的一系列生态环境，不仅是"活的地质教科书"，还是一部生动的地理教材。这里的植物多达1500种以上，并有355种雀鸟、89种哺乳类动物、47种爬虫动物、9种两栖类动物、17种鱼类生存其间。

大峡谷是怎样形成的呢？这首先归功于科罗拉多河。科罗拉多河不舍昼夜地向前奔流，有时开山辟道，有时让路回流，这就是河流的地质作用。经过长时期的冲刷，在主流与支流的上游就

⊙大峡谷中的植物多达1500种以上

已刻凿出格伦峡谷、布鲁斯峡谷等19个大大小小的峡谷，而最后流经亚利桑那州的凯巴布高原时，完成了大自然的惊人之作，形成规模宏大的科罗拉多大峡谷。当然，地壳运动的影响是大峡谷形成的必要条件。在板块活动引起的造山运动以及地壳隆起的共同作用下，几亿甚至十几亿年前形成的沉积岩被抬高了1500~3000米，从而形成了科罗拉多高原。海拔的升高导致了科罗拉多河流域降雨量的增加，也使科罗拉多河及其支流的倾斜度大大增加，从而加快了流速，增强了其向下侵蚀和切割岩石的能力。由于地壳隆起是不均匀的，导致大峡谷的北岸比南岸高出300多米，造成科罗拉多河众多支流的流向变化，进一步加剧了对峡谷的侵蚀。

　　根据多年来对大峡谷的地质调查，科学家们认为，尽管科罗拉多地区有几千万年的历史，但大峡谷本身的发展历程或许还不到600万年（大部分侵蚀是在最近200万年内才发生的）。分布在峡谷内最古老的岩层是约20亿年前的变质岩，而最年轻的沉积层是火山沉积物。100万年前，在峡谷的西部区域发生了一系列的火山活动，产生了大量火山灰与熔岩，甚至一度将河道完全阻塞，随后沉积形成火山岩，它们是峡谷中最为年轻的岩石。

　　然而，科罗拉多大峡谷还有很多神秘之处和未解之谜，这也正是大峡谷每年都会吸引着来自世界各地的观光者、探险者和科学工作者的原因之一。

⊙大峡谷中最年轻的岩层由火山沉积物组成

是谁提出了地球磁场

对于地磁场存在的朦胧认识，来源于天然磁石和磁针的指极性。后来罗盘的发明和使用，更使人们对地球磁场的存在确信无疑。而发现磁针的指极性并提出地球存在巨大磁场的，却是英国医生吉伯。他在电学和磁学方面的研究，为地球物理学的发展拓展了方向，地磁学与古地磁学也因此诞生。

◎吉伯像

吉伯（也译吉尔伯特）出生于英格兰科尔切斯特市一个大法官家庭。年轻时他曾就读于剑桥大学圣约翰学院，攻读医学，获得医学博士学位。离开学校从业后，他医术高明，在社会上逐渐赢得声望，1601年被英国女王伊丽莎白一世聘为宫廷御医，1603年女王逝世后又被任命为詹姆斯一世国王的医生。但是，他的成就远不限于医学领域，吉伯对物理学更情有独钟。

吉伯发现，身边的许多物体如玻璃、琥珀和各种宝石等，摩擦后都能吸引轻小的物体。他认为琥珀等物体摩擦后能吸引轻小物体的力，与其他的力是不同的，必须有自己的名字，吉伯给它命名为"电"，这个名称一

时间轴 1600

直沿用至今。在磁学方面，吉伯发现小磁针总有一定的指向，他认为这是由于地球本身是一个巨大的磁体的缘故，地球有南北两个磁极，地球磁体的南极吸引磁针的北极，而排斥磁针的南极。由此，他归纳出磁极间相互作用的原理，即同性磁极相斥，异性磁极相吸。

吉伯在他的住所里经常进行磁学、电学的实验，女王很快知道了他对物理学的迷恋。曾经有一次，好奇心驱使女王要亲自看一看自己的医生在干什么。吉伯便开始将他多年的实验研究展现给女王看。吉伯拿起一根玻璃棒，滔滔不绝地介绍起他的观察和实验结果，最后声称，发生这些奇妙的现象并非上帝或神的力量，而是地球本身造成的，地球自身就是一个巨大的磁体。

⊙摩擦起电

伊丽莎白女王是个笃信上帝的人，而且还是英国新教的首领，她不高兴听吉伯的这些言论。几

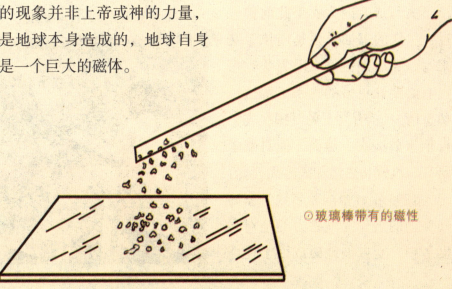

⊙玻璃棒带有的磁性

⊙伊丽莎白女王一世像

年后，吉伯的一部重要著作发表了，当然，这不是一部医学的专著，而是《论磁石、磁体和地球磁场》，全面论述了他对磁体和电吸引方面的研究工作。该书用拉丁文写成，因为女王此前曾说过："您的书如果要是用拉丁文来写，那反倒更好，因为我觉得没有必要让更多的人来了解这一切事情……"有女王的叮嘱在先，吉伯未敢造次。然而，他对磁学研究的执着和热情却表露无遗。

1893年，德国著名数学家高斯在他的著作《地磁力的绝对强度》中，受吉伯地磁成因于地球内部的理论启发，创立了描绘地磁场的数学方法，从而使地磁场的测量和起源研究都可以用数学理论来表达，吉伯的地球磁场理论更趋于严谨了。但高斯的这项成果也存在一定的局限性，因为这仅仅是一种形式上的理论，并没有从本质上阐明地磁场的起源。

现在科学家们已基本掌握了地磁场的分布与变化规律，但是，对于地磁场的起源问题，学术界却一直没有找到一个令人满意的答案。但无论如何，地球磁场是存在的，特别是地球物理学家在岩石中发现了天然剩磁，说明在地球形成的几十亿年中地磁长期存在。一些科学家通过研究埃特纳火山熔岩的剩磁变化，追溯了

⊙科研人员进行古地磁研究

⊙ 美丽的极光

过去 2000 年间地磁场的长期变化。从此，一门新的科学诞生了，这就是古地磁学。古地磁的研究不仅限于研究地球磁场变化，而且在构造地质学和地层学中都得到广泛应用，已发展成为固体地球科学的一个重要分支。

　吉伯后来因患鼠疫去世，享年 59 岁。但他在磁学、电学方面的贡献是杰出的，因此他被后人誉为"磁学之父"。

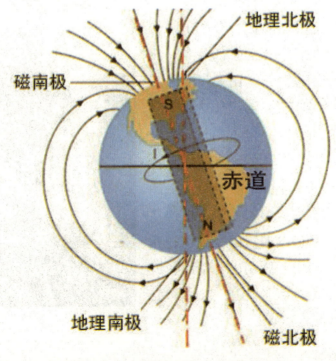

徐霞客漫游中国

明末徐霞客一生考察和游历了中国的大部分地区，足迹遍及南方和西南16个省。他对石灰岩地貌的研究、火山地貌的观察等在地球科学发展史上留下了精彩的一页。他经过近30年的考察，撰写完成了《徐霞客游记》，开辟了近代地球科学系统观察自然、描述自然的新方向，在国内外具有深远的影响。

徐霞客1586年出生在江苏江阴，本名宏祖，字振之，霞客是他的号。

徐霞客年少时家境殷实，父母节俭，颇有积蓄，徐霞客从小便受到良好的教育。当时宦官魏忠贤把持朝政，政治上非常黑暗。徐霞客的父亲为人正直，终生不仕，这些都给了他很深的影响。少年徐霞客把全部时间都用在研读祖国的地理文化遗产上，为后来的游历天下打下了坚实基础。

从22岁起，徐霞客走出了家门，开始出游。他把一生的大部分时间都用在游历名山大川和地学考察上，不入仕途，不追求功名，走了一条与常人完全不同的道路。徐霞客的一生几乎全是在跋山涉水和披星戴月中度过的，足迹踏遍黄山、嵩山、五台山、雁荡山、华山、恒山等著名大山，穿越了南、

⊙徐霞客坐像，建于贵州黄果树景区

⊙徐霞客纪念邮票

北盘江，左、右江，金沙江等著名大河。先后游历了江苏、安徽、浙江、山东、河北、河南、山西、陕西、福建、江西、湖北、湖南、广东、广西、贵州、云南等十六个省。东到浙江的普陀山，西到云南的腾冲，南到广西南宁一带，北至河北蓟县的盘山，完成了对大半个中国的考察。

在三四百年前，交通是很不发达的，徐霞客游历了如此广阔的地区，靠的完全是自己的两条腿。单凭这一点，就足以令人赞叹不已了，更何况他所考察的地方多是陡峭的山峰和激流大河。当时的社会也不安定，在荒僻之地常有强盗出没，可以想象，他要经历多少艰难险阻，甚至随时有丢掉生命的危险。在徐霞客的考察生涯中，有两项成就对后来的地球科学发展产生了重要影响。

一是对长江之源的探寻。

◎云南路南的岩溶地貌

　　浩荡的长江流经大半个中国，它的发源地在哪儿，很长时间以来都是一个谜。战国时期的《尚书·禹贡》中有"岷江导江"的说法，后来的人们都认可并沿用这一结论，但徐霞客并不信服。1639年，为探索长江的源头，徐霞客辗转万里，来到云南。云南在古代被认为是"瘴疠之区"，充满了未知与不测。为了找到长江源头，徐霞客来到了云南的重镇丽江。而当时的丽江为各少数民族的领地，汉人难以进入。徐霞客亲自登门拜谒当地土司府邸，陈明大义，讲述此行的目的，得到当地土司和部族的理解。徐霞客后来得以顺利地在云南考察，在几经挫折和磨难之后，完成了他一生当中最伟大的成就之一《江源考》。徐霞客认定金沙江才是长江真正的上源，否定了《尚书·禹贡》中的岷江源说。由于当时条件所限，徐霞客没能找到长江的真正源头。直到20世纪70年代末，人们才确认长江的正源是唐古拉山主峰格拉丹冬的沱沱河。但不得不承认，徐霞客为寻找长江源头迈出了极为重要的一步，他的科学实践活动为后人探寻长江之源提供了正确方向和思路。

　　二是对石灰岩地质地貌的研究。

　　徐霞客是中国，也是世界上第一个对石灰岩地质地貌进行广泛科学考察的先驱，他的游记中有1/5的内容记述了发育于我国西南地区的这种独特的地质地貌。他在湖南、广西、贵州和云南作了详细的考察，对各地不同的石灰岩地貌作了详细的描述、记载和研究。

　　石灰岩看似坚硬，但实际上很容易被含有二氧化碳的水所溶解，在石灰岩发育地区，常常看到突起林立的石林和石峰，而在地下，由于地下水的长期作用，遍布石钟乳和石笋等，往往形成宛如迷宫般的洞穴。徐霞客考察了280多个石灰岩洞穴，对石灰岩在地面和地下形成的地质地貌有了全面的认识。他指出，岩洞是由于流水的侵蚀造成的，石钟乳则是由于石灰岩溶于水，从石灰岩中滴下的水蒸发后，石灰岩凝聚而成，并可呈现出各种奇妙的形状。他对许多岩洞规模的考察都很有价值，如对桂林七星岩15个洞口的记载，同今天专业人员的实地勘测结果大体相符。他的许多见解，也基本上与现代科学的原理吻合。

徐霞客在地球科学上的贡献还有很多。例如他对火山、温泉等地热现象也有深入的研究，对气候的变化，对植物因地势高度不同而变化等自然现象都作了认真的描述和考察。此外，他对农业、手工业、交通的状况，对各地名胜古迹的由来以及少数民族的风土人情都有生动的描述和记载。

徐霞客最后一次出游的目的地是云南腾冲，那时他已51岁了，虽感力不从心，但仍坚持跋山涉水。后来云南地方官用车船送徐霞客返回江阴。不久他就病倒了，在病中徐霞客还翻看自己收集的岩石标本。去世前，他手里还紧紧地握着考察时带回的石头，享年56岁。

珍贵史料
ZHEN GUI SHI LIAO

关于《徐霞客游记》

徐霞客一生写了2000多万字的游记，但大部分已经散佚，现存的《徐霞客游记》只是其中的一小部分。该书是以日记体为主要形式的著作，包括名山游记17篇和《浙游日记》《江右游日记》《楚游日记》《粤西游日记》《黔游日记》《滇游日记》等。传世本有10卷、12卷、20卷等几种。记述了1613—1639年间旅行观察所得，对地质、地貌、水文、地理、植物等现象均作了详细记录。自明代1642年初版到1985年校注本问世，已出版38次，影响巨大。

◎腾冲——徐霞客最后到过的地方

人类征服南极大陆之旅

南极大陆是地球上最后一个被发现的大陆，它与其他大陆隔大洋相望，是地球上最南端、最寒冷，领土主权悬而未决的大陆。18世纪时，探险家们就纷纷南下去寻找传说中的南方大陆。从1768年起，英国的詹姆斯·库克船长三次探访南极地区，航行97000千米，几次进入南极圈，但他最终未能发现陆地……

⊙库克船长像

对于地球海陆分布的认识，人们曾有一种猜想：陆地大多分布在北半球，从平衡地球重量的角度来看，南半球也应该有相应的陆地。否则失去分布上的均衡，地球自转会不稳定，可能出现摇摆的现象，而事实上地球自转一直很稳定，由此可以推想：一定存在一块南方大陆。南方大陆就是已经发现的澳洲吗？显然也不是。在以南极为中心的地区，可能还有一块更大的陆地。当时的英国政府出于对外扩张的需要，要赶在别国之前抢先发现和占领这块大陆，扩充大英帝国的版图，于是选派詹姆斯·库克出海远航，去寻找这个带有神奇色彩的南方大陆。

库克出身贫寒，13岁才有机会读书。17岁上船当水

⊙南极冰峰

手,曾远航到过荷兰、挪威、俄国。1756—1763 年在皇家海军服役,奉命对北美的圣劳伦斯河、纽芬兰等地进行过很多海岸带勘测工作,积累了丰富的航海经验。

库克曾三次探寻南方大陆。1768 年的第一次航行,乘坐的"努力"号已通过了南纬 40°,但南方大陆一直毫无踪影,天气也越来越差。"努力"号曾是运煤的旧货船,设备老化,也不太坚固,海上的狂风巨浪对船体造成很大威胁。为了不发生意外,库克下令改为向西航行,错过了发现南极陆地的机会。1772 年,库克组织了第二次航行,这次有两艘船编队前行。航行在南太平洋时,

⊙南极洲

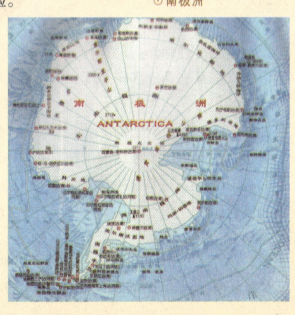

◎船在浮冰和冰峰的阻碍下难以前进

他们三次穿过南极圈，最远到达了南纬 70° 10′ 海 区，这是人类历史上首次挺进到南极的海域，离南极大陆只有 200 多千米了。可惜功亏一篑，两艘船被一连串冰山、冰峰组成的巨大冰障挡住了去路，在探测了南极冰圈的范围之后，不得不掉头向北返航了。此次航行归来，库克被选为英国皇家学会会员，同时以海军上校军衔领取年金。得到嘉奖和鼓励的库克于 1776 年开始了第三次探寻南极大陆的征程。但这一次更加不幸，在航行途中发现夏威夷群岛时，与当地土人发生了冲突，库克船长葬身于大海。他的手下后来继续航行，于 1780 年返回英国，寻找南方大陆的探险也因此而结束。

然而人们并没有失望，征服南极大陆之旅还在继续。

⊙南极的企鹅

据资料记载，人类最早看见南极大陆可认定发生在 1820 年，那一年，两艘俄国船和一艘英国船分别接近了南极大陆。俄国的探险队由两艘船组成，他们在距南极大陆 20 英里左右发现了冰原。而英国船稍晚也看到了南极陆地，但是由于冰山阻隔，都未能登陆。

1839 年 12 月，一支美国探险队自澳大利亚悉尼港起锚，一路向南航行，发现了巴雷尼群岛以西的南极大陆。

两年后，探险家詹姆斯·克拉克·罗斯穿越现在的罗斯海，发现了罗斯岛（后来都是以他的名字命名），并翻越了一个巨大的冰障。后人为纪念他，把这一世界上最大的冰架命名为罗斯冰架。人们终于成功地征服了世界上最后一块大陆，完成了对地球海陆分布的认知。

ZHI SHI LIAN JIE
知识链接

独特的大陆

我们一般把南极圈以南的地区称为南极，它是南大洋及其岛屿和南极大陆的总称，总面积约 6500 万平方千米。根据 1961 年 6 月通过的《南极条约》，冻结了世界上有关国家对南极的领土主权要求，规定南极只用于和平目的。因此南极现在不属于任何一个国家。南极大陆是世界上最为寒冷的地区，由于海冰和冰山阻隔，南极大陆也是最难接近的大陆。

⊙罗斯冰架

科学巨匠洪堡的瑰丽人生

亚历山大·洪堡是德国科学家和探险家，近代地理学、地质学、地球物理学、气候学等的奠基者之一，他把自己的一生都贡献给了科学事业，留下了丰富的科学著作。为了纪念这位伟大的科学家，德国科学院在1860年建立了洪堡基金会，传承他献身科学的精神，并奖励全球有志于科学研究的青年学者。

1804 年 8 月 1 日，一艘法兰西快船"幸运"号驶达波尔多港。从船上下来一位神采奕奕的人，随船带来了几十箱不同寻常的"珍宝"，包括大量动植物标本、化石和矿物标本，以及地质地理学、天文学、气象学、海洋学的勘探实录，还有大量人种志、民族学、土著文化的资料。其中，仅花卉、草木标本

◎年轻时的亚历山大·洪堡

就不下六万件，全部来自美洲。消息传出，巴黎为之轰动，他成了名人，上流社会频频邀请他去作演讲，法兰西学院设宴为他接风，巴黎植物园辟出专门的场地请他陈列展品。这位完成美洲探险、经过 23 天横跨大西洋航行的人就是亚历山大·洪堡。

亚历山大·洪堡，1769 年出生于欧洲普鲁士的一个贵族家庭。他和哥哥威廉·洪堡从小便受到良好的教育。

他们受教于同一位家庭教师，上同一所大学，出入同样的沙龙，与同样一些朋友（席勒、歌德等）交往，但情趣、爱好、志向等却全然不同。哥哥威廉喜欢独立思考，门门功课优秀，迷恋古典文学，爱学希腊语、拉丁语，喜欢社交，因袭了当时贵族子弟的传统。弟弟亚历山大则玩心十足，最爱收集植物、昆虫标本，摆弄石头，片刻不能安宁，学业上只能勉强跟上哥哥。威廉长大后，成为著名的政治家、教育家，也是成就显赫的语言学家。威廉·洪堡还创建了日后在欧洲和全世界都有重要影响的柏林洪堡大学。而弟弟亚历山大·洪堡则走上了一条完全不同的道路。

1790年，亚历山大·洪堡进入格丁根大学学习物理学、数学和考古学。在这里，他遇到了刚刚跟随库克船长远航归来的植物学家乔治·福斯特。两人志趣相投，大有相见恨晚之感。洪堡对植物学的研究产生了浓厚兴趣，后来他俩相约沿莱茵河徒步旅行到荷兰，然后乘船去英国考察。洪堡承认，他对地学发生兴趣也是在和福斯特相识之后开始的。1792

⊙南美洲著名的安第斯山一带

年，洪堡转入萨克森的弗赖堡矿业学院，师从著名地质学家维尔纳学习地质、采矿等课程。毕业后，他在普鲁士矿产部供职，曾任高级矿务师，并周游巴伐利亚、奥地利、瑞士和意大利等地，从事植物学、地质学和气象学考察。

1799 年 3 月，洪堡觐见西班牙国王，请求赴美洲考察。那时，南北美洲的许多地方受西班牙管辖，没有西班牙国王特许，外人难以进入。西班牙国王知道洪堡深谙地质学，又熟悉采矿事务，

此次考察如果探明到新矿源，则对西班牙大有好处，于是，允许洪堡持皇家特许护照到美洲大陆探险。同年 6 月，洪堡和他的同伴携带各种刚发明不久的科学仪器，从委内瑞拉登陆，开始长达 5 年之久的科学考察旅行。

美洲大陆的一切都让洪堡感到好奇，从高山大川到原始密林，处处留下了他的足迹。在南美考察时，洪堡长途跋涉，抵达了亚马孙河的源头。1802 年 5 月，在地震频繁的基多地区，洪堡曾三

⊙驶向南美洲

⊙俯瞰广袤的亚马孙热带雨林

次登上一座火山，深入观察脚下600米深处的炽热熔岩，并且在半小时内精确记录下15次由火山活动引起的地震。1803年3月乘船前往墨西哥。途中，洪堡注意到一股沿南美西海岸向北流动的洋流，测出了流速和水温，他把它叫作"秘鲁寒流"。后人为纪念这一发现，在许多地图上都标作"洪堡寒流"。在考察途中遇到的艰辛是难以想象的，他们常常以香蕉和鱼为主食，而且还经常遭到成群蚊虫、蚂蚁的叮咬，甚至毒蛇、食人鱼、鳄鱼的侵袭。但是洪堡并没有被困难所吓倒，他坚持观察并记录下各种自然现象，用仪器测定准确的经纬度，用气压表测定高度，用温度表测定气温，用磁力仪测定地球磁场，同时在各地收集了数以千计的岩石、矿物标本以及珍贵的动植物标本，其中许多都是前人没有发现和命名的新物种。

洪堡通过对南美的考察还提

出了许多新见解，例如，观测厄瓜多尔境内的火山时，为了收集从地球内部释放出来的气体，他一再走到活火山口的深处。在仔细观察了安第斯山的岩石以后，他认为他的老师维尔纳关于岩石"水成论"的说法是错误的。因为在这里，岩浆凝固后就成了岩石。洪堡依据自己亲历的考察断言，花岗岩、片麻岩和其他结晶岩都是火成岩，它们的形成与水没有任何关系。

洪堡的这次美洲考察，其总行程达 6.5 万千米，相当于绕行地球一圈半，这成为洪堡开创一生伟大事业的转折点。返归欧洲后不久，他就开始埋头分析整理带回来的科学资料，倾注精力达20 年之久。

1827 年，洪堡从巴黎回到柏林，后来他又应俄国沙皇的邀请，去了圣彼得堡。这时他已年过花甲，但仍壮心不已，骑马乘车跨越险峻的乌拉尔山脉，考察了广袤的西伯利亚，足迹从叶尼塞河直到中国边界处的阿尔泰山脉，并在归途中考察了里海。此次北亚之行，他观察到在同一纬度上气温因为离海洋的远近而不同的现象。回到圣彼得堡后，他向俄国沙皇建议，组建气象站网来定期记录天气情报。后来建成的俄国气象站网发挥了巨大作用，根据这些观测站的资料，洪堡在 1845 年制成了第一幅世界年平均等温线图。他还系统地测量了从圣彼得堡到阿尔泰的磁偏角和磁倾角。

在最后的日子里，洪堡每天伏案工作十几个小时，他知道属于他的时间不多了，决心把自己一生艰苦跋涉和辛勤研究的成果完整地向全人类展示。终于，在他 76 岁时完成了《宇宙》，这部巨著是他毕生科学活动的总结和心智的结晶。

⊙ 洪堡的雕像

AL SEGUNDO DESCUBRIDOR DK CUBA
LA UNIVERSIDAD DE LA HABANA 1939

知识链接

以洪堡命名

为了肯定洪堡对科学界的贡献，人们以他的名字命名了许多科学事物和科学现象，例如：出现在秘鲁海域的洪堡寒流，美国西部的一条内陆河洪堡河，月球上的一个海盆地洪堡海等。还有许多动植物也以洪堡命名，以示纪念，如洪堡企鹅，是一种分布于南美洲的企鹅，属濒危物种，自然界数量不超过12000只，主要在秘鲁和智利沿岸繁殖。其他还有：洪堡百合、洪堡兰、洪堡猪鼻臭鼬、洪堡天竺葵等。

地质学的水火之争

岩石是地球构成的基本物质，它们四处可见，好像差别不大，其实不然，每一种岩石都有自己的发生和变化的历史。岩石是怎样形成的？这在18世纪可是个难题，一些学者认为，岩石的形成与水有关，另一种观点恰恰相反，认为岩石的形成离不开火与热，由此引发了地质学上的水火之争。

时间轴 **1788**

水成论认为水对地表的改变起决定性作用。当时教会的势力影响很大，《圣经》上提到的大洪水决定着地球上生灵的命运，水对地球的改造作用在人们脑海中根深蒂固。水成论者主张地球上一切岩石都是在水中沉积形成的，强调水的沉积作用，不承认有火成岩一类的岩石。维尔纳是水成论的集大成者。

⊙水成派的核心人物维尔纳

维尔纳出身于一个矿业家庭，他的家族300年来都与采矿业有密切关系，他对地质学、矿物学有着浓厚的兴趣。1775年，维尔纳继承了家族传统，来到德国南部的弗来堡矿业学院担任督学，后来成为讲师。通过采矿实践的检验和在矿业学院教学中的理论提升，维尔纳创立了矿物分类法，并提出按照矿物成分辨别岩石的方法。他首次在学院里开设了地质课，从此，地质学才成为一门独立的学科。维尔纳学识渊博，讲课生动有趣，许多学生都被他的学识和风度所吸引。他的天赋和才华吸引了来自世界各地的青年学者，其中许多人在他的鼓舞和教导下成长为一流的地球科学家。

维尔纳认为，自地球原始海洋开始到诺亚洪水结束，水的力量营造了地球的一切。后来水面不断地下降，原始岩石露出水面后发生风化、堆积而形成新地层，所以岩石都是在水中沉积形成的。他认为，即使像花岗岩这样的岩石，也是从原始海水——混沌水中结晶形成的。此外，他还把火山活动解释成是地下硫黄和煤层的自燃，由于它们产生热量熔化了周围的岩石，才形成火山喷发等。维尔纳的这些观点尽管与事实有很大出入，但他的口才还是吸引了不少人，并以他为核心逐渐形成了一个学派，人们称他们是"水成派"。

然而，与维尔纳同时代的英国地质学家赫顿知道水成派的主张后，立即公开反对。当他读到维尔纳的论文时，敏锐地感觉到水成派观点的片面和错误。为了批判维尔纳思想的局限性和片面性，赫顿邀请了地质同事共同到火成岩分布的地区进行实地考察。

他们认真观察各种火成岩的特征以及这些岩石的分布规律，搜集到大量的证据。这使他和他的同伴们更加坚信"火"在岩石生成时的作用，并逐渐形成了"火成派"的观点。火成派认为，玄武岩和花岗岩曾经是熔体。熔体处于运动的状态，它们可以从地下深处侵入到地表，凝固后便成为岩石，这些岩石是火成的而不是水成的，赫顿因此成为"火成论"的代言人。火成论的提出意义非凡，它不仅驳斥了水成论在认识上的片面性，而且提出了运动的地球观，这就为现代地质学的产生奠定了基础。

⊙火成论的代言人赫顿

◎岩石都是在水中形成的吗？

岩石成因的水火之争引起了科学界的广泛关注，许多学者加入其中，寻找方方面面的证据。赫顿不仅主张火成论，而且也反对把宗教偏见带入地质学中，他在自己的著作《地球的理论》中明确宣称，地质学是科学，与宗教的"万物的起源问题"完全无关，因此，他的学说遭到了宗教界的敌视，从此受到水成论和宗教界的两面夹击。1797年，赫顿在一片围攻声中溘然长逝，地质学上的水火之争似乎已经结案。然而，事情并非如水成派想得那样乐观，那些忠实于客观事实的学者和赫顿的弟子继续捍卫着火成论的阵地，他们在世界各地完成了大量的考察，到那些著名的火山区去搜集直接的证据。就在火成派积蓄力量向水成派开始新一轮驳击时，形势急转直下，令人意想不到的事情发生了，维尔纳的学生站出来公然反对自己老师的观点。

先是他引以为自豪的学生亚历山大·洪堡。洪堡曾远涉重洋到南美洲考察，1802年，洪堡来到厄瓜多尔攀登了当地著名的火山，他冒着生命危险接近火山口的边缘，近距离观测火山活动的过程。在此之前洪堡已经考察过一些火山及与火山有关的岩石，对一切岩石均形成在水中的说法产生过怀疑，这次近距离的观测更加坚定了他的思想。从南美回来后，洪堡公开反对自己老师的观点。维尔纳的另一位大弟子克

⊙三大岩类：A.沉积岩；B.火成岩（岩浆岩）；C.变质岩

里斯蒂安·布赫也反戈一击了。布赫1809年勘察法国和意大利的一些火山地区时，看到了大量的玄武岩，当地根本不存在什么煤层，更谈不上煤的自燃了。因此他认为玄武岩的形成与火山活动相关，与水完全没有任何关系。洪堡和布赫的"反叛"对水成派是沉重的打击，维尔纳从此一蹶不振。后来水成派在与火成派的争辩中往往不攻自破，渐渐失去了优势，自19世纪30年代以后，火成说开始被人们广泛接受了。

⊙玄武岩的形成与火山活动相关，与水没有任何关系

时间轴 **1812**

居维叶和灾变论

居维叶在比较解剖学、古生物学、动物分类学等各方面的成就令人称道，但在今天看来，他对后世的影响莫过于"灾变论"了。居维叶在19世纪初就发现地质时代与生物各发展阶段之间的"间断"现象，提出全球性生物类群的"大绝灭"及灾变思想。居维叶学识渊博、思想活跃，被人们称为"第二个亚里士多德"。

◎当时地球表面完全被烟尘覆盖，黑暗笼罩着大地

在中生代末期（约6500万年前），地球曾经遭遇过小行星的撞击。撞击导致环境发生了突然的改变，当时地球表面完全被烟尘覆盖，黑暗笼罩着大地。由于没有了阳光，植物枯萎了，大量的恐龙窒息而死，侥幸活下来的因没有食物吃也先后倒了下去，地球上处处是恐龙的尸体和骸骨，这是科学家们描述的关于恐龙灭绝的过程。想象一下，强烈的撞击不仅烧毁了成片的森林和绿地，同时产生的高温高压还使物质汽化，造成地球表面缺氧和持续高温，如此巨大的灾难导致动植物

大规模死亡，许多物种从此在地球上消失。

灾变左右着地球上生物的繁衍和数量的变化，但灾变也是地球上生物发展的动力。这样的解释其实并不新奇，因为早在200多年前，法国科学家居维叶就提出来了。

居维叶出生于法国东部，父亲是瑞士人。年幼时被认为是神童，记忆力超群，4岁就能读书，14岁进入德国斯图加特大学学习。经过严格的科学训练，加上他自己执着的学习热情，18岁就学有所成，回国在诺曼底大学担任助教。在诺曼底大学期间，居维叶专攻动物解剖学。他利用靠近海洋的方便条件，精心观察和解剖了大量海生动物，特别是软体动物及鱼类。他的精确细致的比较解剖学研究成果，引起了当时学术界的重视。1795年，居维叶进入巴黎自然博物馆担任动物解剖学助理教授。他提出了动物器官相互关联和主次隶属的理论，并把他的思想带到古生物研究中

⊙工作中的居维叶

去。在研究巴黎郊区的化石时，他成功地把器官构造与生物当时的生活环境联系起来，准确完成了对化石的描述和鉴定。

然而，他发现了化石在地层分布中不连续的问题，在跨越不同地质时期地层时，化石种类有间断现象，在间断前后的属种组成有很大变化，形成面貌不同的古生物组合。虽然当时的化石记录不完全，但有限的记录还是支持他的结论：地球发展历史上发生过灾变，每次灾变导致动物群完全毁灭。而这样的灾变在范围上是很大的，就像《圣经》上说的大洪水，因此他反对拉马克的进化理论，提出了灾变说。他认为，在地质历史时期，曾经发生过许多次大灾难，生物的绝灭与这些灾难有关。居维叶的灾变说一经提出，就受到了宗教界的重视，显而易见，灾变说与他们的说教更相符合。

而拉马克是怎样解释自然界与生物的关系呢？

拉马克是和居维叶同一时期的法国生物学家。在拉马克提出生物进化模式前，科学界一直认

⊙拉马克像

为生物是不可能变化的，生出来是什么样，就一直保持原样。但拉马克认为，生物经常使用的器官会逐渐发达，不使用的器官会逐渐退化，他提出了"用进废退"理论。按照这一理论，长颈鹿的祖先原本脖子并不长，但是为了要吃到高树上的叶子经常伸长脖子和前腿，通过遗传而演化为现在的样子。1800年，拉马克就生物形态演变问题提出了鲜明的观点：生物发生改变是由两种因素引起的，一是生物内部的生命力，二是特殊的环境影响。经过很多代以后，动物形态可发生很大变化，进化便出现了。

⊙长颈鹿的脖子是进化的结果

ZHEN GUI SHI LIAO
珍贵史料

灾变论的出处

居维叶身后留下的不朽遗产，是那些堪称经典的比较解剖学、古生物学、动物分类学等方面的大量著作。而灾变论是在他的著作《地球表面灾变论》中系统地论述的，书中指出地球在短时期内曾发生多次巨变，导致陆地上升，洪水泛滥，物种毁灭，因此形成今日地球的面貌，此书成为描述灾变论的珍贵史料。

生物是怎样发展和演变的？是像拉马克描述的世代积累式缓慢地演化，还是如居维叶主张的由灾变引发的快速演化，一时难分伯仲。居维叶后来推断，地球上已发生过四次灾害性的变化，最近的一次是距今大约 5000 年前的摩西洪水泛滥，这使地球上的生物几乎荡尽，因而上帝又重新创造出许多物种。后来，居维叶的学生欧文极力鼓吹灾变论，不仅在法国产生了很大反响，而且影响了整个欧洲。

拉马克去世后第二年（1830 年），他的同道人圣提雷尔就生物演变问题曾与居维叶展开激烈的辩论。辩论是在法国科学院的会议上引发的。双方的措辞非常激烈，前后持续了 6 周时间，如此激烈的辩论在科学史上也是少见的，它引起了全世界的关注，许多报纸和媒体都对此进行了报道。最后的结果是居维叶获得了胜利。从此，居维叶的灾变说一直统治着生物界。半个世纪后，英国科学家达尔文根据充分的证据，再次证实生物是渐进式演化的，创新性地提出生存竞争和自然选择的概念，才使人们不再完全迷信居维叶的思想。从此，展开了新一轮关于生物演化、生物与环境关系的科学论争。

史密斯揭露地层的奥秘

年轻的史密斯曾是一个普通的地质测量员，他在参加开挖运河的测量与调查时发现，各种地层中含有不同的化石，于是跟踪、追索几百英里去仔细观察化石与地层的关系。后来他总结出了化石层序律，其追索地层的方法至今仍在采用，他被公认为是"地层学的奠基人"。

⊙英国地质学之父史密斯

史密斯 1769 年出生于一个铁匠的家庭，因为处在社会下层，幼年的史密斯就很能吃苦耐劳。人穷志不短，他非常刻苦地用功读书，立志要成为一个对社会有贡献的人。由于父亲过早地去世，他中学还没读完，就不得不走上社会，当临时工来分担家庭的艰难。

1793—1799 年，史密斯参加运河的勘测和开凿工作，先当标尺工，后成为一名地质测量员。开凿运河必须进行前期的现场踏勘和地质调查，工作非常艰苦。史密斯扛着标尺奔走在沟沟坎坎之间，顶风冒雨，不辞辛劳。工作中，他注意到在开挖时暴露出来的新鲜地质剖面上，往往能发现各种化石，这对于刻苦好学的史密斯来说是天赐机缘。化石与地层是什么关系？为什么各种地层中的化石面貌不一样？带着一个个疑问，史密斯开始寻找答案。他逐渐发现，地层其实是有规律的，它们有薄有厚，一层沉积在另一层之上，底部的地层是较早沉积形成的，上面的地层较年轻，每一层都含有比较独特的化石。善于思考的史密斯开始重视这些发现，为此查阅和学习了大量的书籍。

在一次参加英国南部某煤矿的勘测工作中，史密斯听当地人说采煤完全靠运气，挖到煤层时累得几天都干不完，挖不到煤层时就没有事情做。史密斯暗下决心，要揭开煤层埋藏的秘密。他发现，在靠近煤层的上下地层里，都含有某些植物化石，而在没有煤层的那些岩层中是看不到这样的化石的。史密斯经过认真勘察和思索，大胆地提出应把那些植物化石作为标志物，只要找到含有那些植物的地层，它的上下附近就应该伴有煤层。这就是后来的"标准化石法"。通过这种方法来认识和辨别地层，采煤从靠运气的盲目挖掘到有目标地寻找，效益大增。史密斯成为最早把对化石的认识应用于矿产资源开发的人。

通过多年对地层的研究，史密斯提出了化石层序律。认为化石可以揭示地层的顺序和年龄。相同岩层总是以同一叠置顺序排列着，老地层在下，后来沉积的新地层在上，呈水平状态。并且

⊙史密斯在野外进行现场踏勘和地质考察

每个连续出露的岩层都含有生活在当时地质环境的古生物，利用古生物化石可以把不同时期的岩层区分开。通俗地讲，就是"含有相同种类化石的地层，地质时代相同，不同时代的地层里所含的化石也不同"。利用这条规律，人们可以根据所含化石的面貌鉴别岩层的前后顺序和年龄。

化石层序律一经提出就震动了地质界，因为只要掌握了这个方法，就可以客观地分析地球的历史变迁。即使由于地壳运动，有的地层倾斜甚至顺序颠倒或缺失，根据化石也能恢复本来面目并确定年代和顺序，地层学因此诞生。

1831年史密斯荣获伦敦地质协会颁发的奖章，1832年又获得英国皇家给予的特别年金。史密斯虽然获得了很高荣誉，但是从不居功自傲，他对自己的研究成

⊙地层有薄有厚，一层沉积在另一层之上

宙	代	纪	世	距今大约年代（百万年）	主要生物演化
显生宙	新生代	第四纪	全新世	现代	人类时代　现代植物
			更新世	0.01	
		第三纪	上新世	2.4	哺乳动物　被子植物
			中新世	5.3	
			渐新世	23	
			始新世	36.5	
			古新世	53	
	中生代	白垩纪	晚/中/早	65	爬行动物　裸子植物
		侏罗纪	晚/中/早	135	
		三叠纪	晚/中/早	205	
	古生代	二叠纪	晚/中/早	250	两栖动物　蕨类
		石炭纪	晚/中/早	290	
		泥盆纪	晚/中/早	355	鱼　蕨类
		志留纪	晚/中/早	410	
		奥陶纪	晚/中/早	438	无脊椎动物
		寒武纪	晚/中/早	510	
元古宙	元古代	震旦纪		570	古老的菌藻类
				800	
太古宙	太古代			2500	
				4000	

⊙地质年代表

知识链接 ZHI SHI LIAN JIE

叩问地球的年龄

根据史密斯的化石层序律，人们建立了能反映地球相对年龄的地质年代表。在这个表上，最大的时间概念是宙，其次是代、纪、世、期。如古生代包括寒武纪等六个纪，其中，寒武纪又可进一步分为早寒武世、中寒武世和晚寒武世三个世，每个世还可以分成若干个期。我们在讨论地球发展史时，常常涉及地质年代，如恐龙生活在中生代，绝灭于白垩纪晚期等。

⊙保存在地层中的植物化石

果和研究心得从不抱有私心，总是毫无保留地告诉那些需要的人。1839年8月，在出席一次科学会议的途中，史密斯不幸去世，一位出身于平民家庭的科学家永远离开了自己热爱并献身的地质事业。但人们永远不会忘记他，他被尊为"英国地质学之父"和"地层学的奠基人"。

变质岩告诉我们什么

已经形成的岩石，不管是沉积岩还是岩浆岩，在地球内部温度、压力、应力变化的影响下，物质结构和化学成分都会发生变化，使那些岩石产生变质作用，最终形成新的矿物组合。如普通石灰岩就是由于重结晶才变成了大理岩，人们还给它取了个好听的名字：汉白玉。是谁最早发现了岩石变质作用的呢？

岩石的变质是由奥地利地质学创始人 A.布韦最早观察到的。布韦年轻时在爱丁堡学医，1817 年获得医学博士学位。但他同时对地质学也很感兴趣，受苏格兰地质学家 R.詹姆逊影响，最终转而研究地球科学。1820 年，他在苏格兰赫布里底群岛考察和研究火山岩。

⊙奥地利地质学创始人 A．布韦

他发现，已经形成的岩石受物理条件和化学条件变化的影响，可以改变其结构、构造和矿物成分，发生一种新的岩石的转变过程，他称之为变质作用。后来，布韦继续深入研究地质学，曾三次去土耳其考察地质，足迹遍及奥地利、法国、英国等地。1845 年，出版对地质学全面综述的著作《对世界地质图的分析》，在学术界获得极大赞誉。

然而，对变质岩和变质作用进行系统阐释的，是英

⊙北京故宫的许多汉白玉围栏材质就是变质岩

国地质学家赖尔。赖尔在学术界名气很大，他的著作对达尔文都产生过极大影响。赖尔早就注意到岩石存在变质现象。通过野外观察，他发现一些页岩变成了云母片岩，原来的黏土矿物变成了新生成的白云母和绿泥石。但是在这些被改变的岩石中，还可以找到原来岩石残余的一些特征，比如有层理，甚至可以见到化石残片等。1883年，赖尔在他的名著《地质学原理》中，系统地论述了变质作用的概念，提出在沉积岩和岩浆岩以外，还有变质岩存在。

变质作用发生在地球内部，我们在地球表面看到的变质岩，都是由于构造运动惹的祸，是构造运

⊙在格陵兰测得变质岩的年龄为38亿年

动把变质岩推到了地面上，否则变质岩会永远藏在地底下，不为人们所知。岩石发生变质可以是大面积的、区域性的，但也可以是局部性的、小范围的。

变质岩告诉我们什么呢？

变质岩是变质作用的产物，而变质作用是一个缓慢的过程。以往，人们认为地球万物都是静止的，以为一切物质一旦生成就不会改变，即使外表变化了，属性也不会改变，坚固的岩石更是如此。但变质岩和变质作用的存在，使人们不得不用动态的眼光去观察世界。事实上，从地球形成到现在，每时每刻都有变质作用发生。科学家们测定，分布在非洲

⊙变质岩具有复杂的结构

和苏联的变质岩年龄为35亿年，在格陵兰测得变质岩的年龄为38亿年，这表明在地球上生命未出现之前的遥远的史前时期，早有变质作用发生。在现代大洋中脊和海洋深处，由于有较高的地热梯度，也正在悄然发生变质作用。

变质岩和人们的生活有关系吗？

首先，变质岩和变质作用是人们了解地球演变的重要依据。变质岩在地球上的分布也很广泛，从陆地表面到大洋底部都有，在时间上，从几十亿年前的古老变质岩至现代的新生变质岩都能找到。其次，变质岩分布区的矿产非常丰富，由于不同变质作用的存在，为矿物形成和富集提供了条件。世界上发现的各种矿产，在变质岩系中几乎都有，例如，我国和世界上的前寒武纪变质铁矿占世界铁矿总储量的一半以上。塞翁失马，焉知非福。岩石经历了变质作用，换来的不是物质的消失，而是一种新岩石的出现，并能造福于人类，这实在是大自然对我们的馈赠。

珍贵史料
ZHEN GUI SHI LIAO

娇气的汉白玉

中国人认识变质岩从大理岩算起，至今已有2000年历史了，许多著名的古代建筑中都广泛使用了大理岩。纯白色的大理岩被称作汉白玉。事物都有利弊，由于大理岩的前身是石灰岩或白云岩，变质成为大理岩后，岩性偏软，抵御风化的能力很差，因此，露天环境下的大理岩建筑表面往往斑驳陆离。

⊙图中的片麻岩是变质岩的一种

世界上第一条恐龙化石发现记

恐龙是生活在中生代的爬行动物。现在人们对恐龙已了解很多，人们知道肉食恐龙和草食恐龙，甚至还能说出某种恐龙的名字。但是，在19世纪初期，人们对这种史前生物还全然不知，人们还以为埋在地下的那些巨大的骨骼化石是什么"巨人"的遗骸呢。

是谁第一个发现并鉴别出恐龙化石的呢？你肯定会猜想第一个发现恐龙化石的应该是位地质学家或古生物专家。但都不对，第一个发现恐龙化石的是个普通人，而且还是位女性呢。

1822年，英国正值工业革命之时，工厂、矿山如雨后春笋，到处都是新开发

◎发掘恐龙化石

的建筑工地。人们在工地上经常挖出各种大小不一的动物骨头，但是谁也没把它们当回事。

3月里的一天，刘易斯小镇的曼特尔夫人正沿着公路散步。忽然，她被公路旁岩壁上的一块灰白色的东西吸引住了，曼特尔夫人凑到跟前观看，那是一块非常大而锐利的骨骼，它的一半暴露在外，一半还埋在岩层中。

"这是什么东西呢？"她一面自言自语，一面前去抚摸。

这块骨骼埋得并不紧密，她用双手晃动几下，竟然有些松动。曼特尔夫人没费什么力气就把它弄了出来，她决定带回家去给先生看，因为曼特尔医生懂得生物学、解剖学，他一定知道这是什么动物的骨骼。

然而，曼特尔医生看到夫人带回的东西后，也很茫然。虽然他见过许多动物的牙齿和其他骨骼，可是没有一种能够与夫人带回来的这块骨骼化石相似。于是曼特尔让夫人带他来到化石发现地，他们雇了几个工人，又在那里挖掘出许多类似的化石。曼特

尔夫妇决定，请专家帮助鉴定这批不寻常的"宝物"。

不久，曼特尔只身来到法国，把"宝物"带给了法国博物学家居维叶，请这位德高望重的学者给予鉴定。居维叶看着眼前的这堆化石不禁犯了难，因为他以前也没有见过。查阅了很多书籍和论文后，居维叶凭经验和自信给出了结论：牙是犀牛的牙，骨头是河马的骨头，年代不是太远，也没有什么价值。曼特尔听后很沮丧，他认为居维叶的结论有些草率，于是又把这些标本寄给牛津大学的巴克兰教授，结果更让

⊙恐龙是怎样灭绝的呢？这是古生物学家一直探讨的问题

他失望，巴克兰教授也认为这些化石完全没有什么研究价值。心灰意懒的曼特尔只好回到家中，但夫妇俩决定继续考证。他们收集了更多的化石，开始孜孜不倦地钻研起来，曼特尔还多次跑到各地的博物馆去对比标本、寻找资料。

⊙中国第一龙

两年后，在英国皇家学院的博物馆，曼特尔结识了一位研究爬行动物的专家，此人当时正在研究生活在中美洲的鬣蜥。经过与鬣蜥的牙齿相比对，发现两者非常相似。曼特尔就此得出结论，这些化石可能与鬣蜥同类，是一种灭绝了的古代爬行动物，

⊙巴克兰教授很难把这些化石和古代爬行动物联系起来

他给这种动物定名为 *Iguanodon*，意思是牙齿像大鬣蜥的动物。在中文里，这种动物现在通译为"禽龙"。曼特尔为禽龙命名时，"恐龙"的名称还没有提出来。1825年，曼特尔向英国皇家学会报告了他的发现。这时，居维叶才发现自己错了。20年以后，英国古生物学家理查德·欧文在描述一类大型爬行动物时创建了"*dinosaur*"这一名词。词源来自希腊文 *deinos*（恐怖的）*saurosc*（蜥蜴或爬行动物）。传入中国、日本后被译为恐龙，而曼特尔夫妇发现的禽龙，就归属于恐龙类。

现在人们知道，禽龙是一种大型的普通草食性恐龙，身长9~10米，高4~5米，可用两足或四足行进。它们喜欢群体生活，主要生存于白垩纪早期（1.4亿~1.2亿年前）。分布于欧洲、北美以及亚洲东部。

⊙一种现代鬣蜥

赖尔的新地球观

赖尔把"将今论古"的现实主义方法的主要原则应用于地球科学，提出地球表面特征都是由人们难以觉察的、长时间的自然过程形成的。这种新地球观也称均变论，它强烈冲击了日渐嚣张的灾变论，为地质学、自然地理学奠定了科学的理论基础，因此赖尔被人们称为"近代地质学之父"。

赖尔出生在苏格兰的一个富庶家庭。他的父亲毕业于剑桥大学法学院，母亲也自小受过良好的教育，并有很深的艺术修养。在这样的家庭里，赖尔从小就受到家族传统的熏陶，养成了爱读书、勤思考的习惯。通过刻苦学习，17岁的赖尔以优异的成绩考入了英国最古老、最著名的牛津大学。

◎ 近代地质学之父赖尔

在牛津大学，他尊重父母的愿望和要求，学的是数学、法律和古典文学。但是，他又选修了一系列地质学和生物学的课程，并把课余的大部分时间用于掌握这些他喜欢的学科知识。每当夕阳西下，人们都在酒吧、咖啡馆里消磨余暇时间时，经常看到一个年轻人在图书馆

⊙丹霞地貌——大自然风化作用的产物

里发愤读书，他时而伏案沉思，时而踱步书架前仔细查看，仿佛忘记了时间，这就是赖尔。赖尔在短短几年里不仅掌握了地质学的基础知识，认知了许多岩石和矿物，而且还参加了野外教学课程，学到了地质勘查、取样、标本制作等基本技术和方法。

赖尔的青年时代，正是人们经过了科学启蒙，开始对地球进行全面认知的阶段，科学考察和探险旅行已经在英国工业革命和启蒙思想的影响下蓬勃兴起，各种理论和学说如雨后春笋般涌现，学术论争十分活跃。地质学上"水成说"和"火成说"论战也发生在这一时期。1819年，年轻的赖尔走出大学校门，就立刻面临着立场和观念的抉择。

赖尔认为，论争双方在结论上存在分歧，取决于研究方法上的差异，即：是从过去推导现在，还是从现在推导过去。赖尔认为，现在是解释过去的钥匙，应遵从"将今论古"的现实主义原则。他花费了10年的时间进行认真的野外考察和观测，从地形复杂的欧洲本土到幅员辽阔的北美大陆，从欧洲北端的挪威冰川到南部亚平宁半岛的冲积平原，从热浪灼人的火山喷发现场到深逾千米的煤田矿坑，无不留下了他执着的足迹。因此，他被选为英国皇家学会会员。在掌握大量丰富的第一手地质资料的基础上，他把以往不同时期各派学说以及分散的理论归纳起来，最终形成了一个严整的、新的地质演变和发展理论，即著名的"均变论"。

针对当时流行的地质变化的"灾变论"，他用大量事实说明，地球的演化，不是什么超自然力或者巨大的灾变造成的，而是由于最平常的积累，如风、雨、温度、水流、潮汐、冰川的作用等造成的，

⊙流水的地质作用

例如岩石的剥蚀、堆积等就是一个缓慢的、不引人注意的、长期积蓄的过程。他提出，地壳上升或者下降是地球内力和外力相互作用的结果，岩石的结构差别是在长期历史中逐渐形成的。

1830年5月29日，赖尔出

⊙岩石的剥蚀、堆积等是一个缓慢的、不引人注意的、长期积蓄的过程

版了《地质学原理》一书，他的新地球观在这本书中得到充分阐述。达尔文对赖尔的这部著作十分推崇，赞叹说："读着书中的每一个字，我心中都充满了钦佩之感。"然而，像所有其他创新思维一样，均变论也受到了来自传统、保守思想的多方反对，如剑桥大学的地质学教授亚当·席基威克就曾在英国地质学会一次隆重的就职典礼上公开斥责。

赖尔的新地球观第一次把理性带进地质学中，他以地球的缓慢变化这种渐进作用，代替了造物主的作用，使人们对自然界的认识跨入了一个新的阶段。真理总是能战胜谬论或成见，并最终赢得人们的尊重。1861年，他当选为英国最高科学机构皇家学会的主席，并先后被国外许多科学机构聘为荣誉院士。1875年2月22日，赖尔，这位享有崇高威望的地质学家安详地在家中去世，终年78岁，人们怀着无比崇敬的心情，把他下葬在伦敦著名的威斯敏斯特大教堂内，与英国著名科学家牛顿、罗伯特·胡克等同眠于此。

改变地球的风化作用

均变论在自然界的例证就是风化作用。风化作用的特点是持续和不间断，当岩石被风化而破碎后，可以通过风、河流、冰川等的力量从一个地方搬运到另一个地方，它们在那里经过胶结、压实等复杂过程成为沉积岩，再开始接受新一轮的风化。如此循环往复，风化作用不断蚕食和雕刻着地球的表面。通常风化作用包括物理风化和化学风化两类。

⊙浑圆的石球竟然是风化作用的结果

丹纳父子与矿物学

历史上，很少有父子致力于同一科学领域并都做出了重要贡献的。美国的丹纳父子则在矿物学研究上接力耕耘。老丹纳的《系统矿物学》和《矿物学手册》是矿物学的经典著作，具有持久的影响。小丹纳得到父亲的真传，继续在地质学、矿物学领域不断进取，谱写了新的篇章。

老丹纳从小就是个勤奋学习、富有挑战精神的人。1833 年，他毕业于耶鲁大学，后来成为该校化学和矿物学教授西利曼的助教。在这个岗位上，他一面教书一面实践，掌握了许多矿物晶体结构、分类、鉴定方面的知识。在他 24 岁那年，出版了一本受到地学界普遍关注的著作《系统矿物学》。该书长达 580 页，内容丰富，显示了他善于归纳和总结，以及对系统知识的把握和创新精神。为此，他得到西利曼教授的赏识和厚爱，并把自己的女儿嫁给了他。

1838 年，丹纳参加了一支美国南方的海洋考察队，在那里工作了四年。由于工作需要，他接触和了解了动物学，并很快熟悉了这一领域。1844—1854 年是丹纳最多产的十年，他发表的各种专著和文献累计有 7000 个印刷页，另有几百幅插图，而这些插图绝大多数是他自己绘制的。在此期间，丹纳成为美国著名的杂志《科学》的专栏作者和撰稿人，负责稿件的组织和评审。这需要具有坚实的专业知识背景、跨越学科界限的视野以及对科学发展方向的洞察力和把握力。丹纳不负众望，成为那个时代地球科学信息掌握最全面的人之一。他对于产生地质现象的物理过程的关切，导致他对地质学的若干基本问题，如大陆和洋盆的起源和构成，造山作用的性质和结果等都有精辟的理解和分析，以至对美国地质学的发展都产生了巨大影响。鉴于丹纳的个人成就，哈佛大学曾试图聘请他为教授，他还担任美国科学促进协会会长、美国地质学会会长，同时也是美国全国科学院的创始人之一。

◎老丹纳像

　　丹纳的主要成就体现在矿物学方面。美国在南北战争后，由于南部种植园制度的废除，为资本主义在全国范围的发展创造了条件，造船业和机器制造业迅速

◎形形色色的矿物

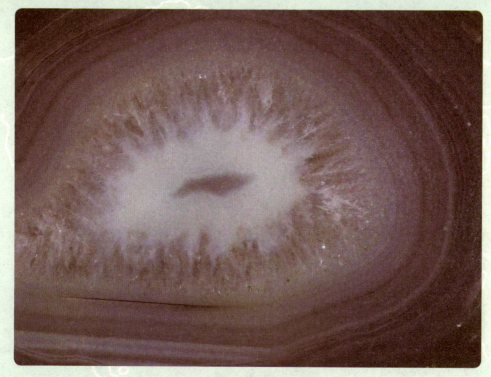

⊙玛瑙内部的同心纹状结构

发展，横贯大陆的4条铁路建成，由此又带动了采矿业的崛起。当时，人们迫切需要矿物学知识，需要从专业的角度了解矿物的化学成分、晶体结构、形态、性质、成因、产状、共生组合、变化条件以及时间与空间上的分布规律等。1848年，丹纳出版了《矿物学手册》，1862年，他又出版了《地质学教程》，它们都成为传播矿物学、地质采矿知识的重要著作，特别是在矿物学方面，丹纳提出的创新理念对系统矿物学的发展产生了重大影响。

晚年的丹纳接受了达尔文的生物进化理论，虽然他是笃信宗教的人，但出于对动物学的深入了解，也意识到物种与环境之间密不可分的关系。在《地质学教程》的最后一版，丹纳介绍和采纳了进化论。他的自然观的改变，深深影响了美国地学界，而美国的地质学的发展，就是在丹纳的影响下逐渐走向成熟的。

小丹纳继承了父亲的事业并继续发展，父亲治学严谨、勤于思索、眼界开阔、勇于创新的精神深深感染着他。他也对矿物学，特别是对描述矿物学和矿物学分类有着浓厚的兴趣。从 19 世纪中叶起，在矿物学领域出现了两个发展方向：一个是着重研究矿物晶体的几何形状；而另一个则是着重研究矿物的化学成分。小丹纳没有走入极端，他在实践中并没有孤立地研究矿物的晶体形态或化学成分，而是借助当时先进的具有偏光设备的显微镜探索透明矿物的光学性质。后来他出版了《矿物学分类》和《矿物及其研究方法》等许多著作，为矿物学的发展做出了重要贡献。

ZHEN GUI SHI LIAO
珍贵史料

一再出版的著作

　　丹纳父子为后人留下许多珍贵史料。特别是老丹纳，在 1837 年出版的《系统矿物学》中，创立了丹纳晶面符号法和 32 种对称形晶组的名称，并对矿物进行了化学分类，该书连续再版，产生了重大影响。而《矿物学手册》先后发行了 4 版，也是公认的经典矿物学专著，该书全面阐述了矿物鉴定的基本方法及矿物晶体构造与物理性质之间的关系等。

⊙石盐矿的原子结构

勇于向冰川挑战的人

在地球上年平均气温0℃以下的地区，降雪量大于融雪量，不断积累的积雪经过一系列物理变化转化为冰川冰，并在自身的压力作用下像河流一样缓慢地向坡下运动。阿加西斯第一个认识并研究了冰川，并预言地质历史时期曾出现过冰河时代，由于阿加西斯对冰川研究的杰出贡献，他被称为"现代冰川之父"。

1837年，在瑞士的自然科学学会的讲台上，一位年轻的学者正在登台演讲，按计划，他在年会上要作有关鱼化石的演讲，不少听众正是为此而来。然而，这位学者开口讲的却是"漂砾"和"冰碛"等，并非与会者满心期待的与鱼有关的内容。"有没有搞错呀？"有些听众忍不住说道，

◎现代冰川之父阿加西斯

但也有人认出了他，没错，正是在鱼化石研究上已经小有成就的路易斯·阿加西斯。这是怎么回事呢？

原来，演讲前，阿加西斯临时改变了主意。他精心准备了一篇新的讲稿，内容是关于阿尔卑斯地区的冰川，试图向人们介绍在欧洲"冰川普遍存在"的事实和证据。演讲中，阿加西斯列举了冰川曾在瑞士存在的地质学证据，这让在场的许多瑞士人不敢相信，自己风景宜人的家园曾被厚厚的冰层所覆盖？听众的不满并没有影响阿

加西斯,他进一步指出,不仅瑞士,从北极到地中海地区,都曾被巨大的冰原所覆盖,这话引起了轩然大波,会场秩序一片混乱⋯⋯

阿加西斯之所以敢于在这次学术年会上发表自己的观点,是因为此前已经完成了一系列关于冰川的科学考察。

他在阿尔卑斯地区从事古生物化石的采集时,注意到从平原到山地都分布着一种巨大的砾石。其实,前人也看到过这些巨大的砾石,猜测这些巨砾是由于冰河活动而被带过来的。这就意味着:

冰川看似凝固不变,其实是运动着的。阿加西斯怀疑这种判断,决定亲自进行认真的科学考察。在实地观察中,他发现冰川确实是运动着的,因为在冰川的两端和侧面常常发现堆积的岩石;然后他又发现了许多表面有擦痕的岩石,好像是冰川在移动中在它们上面擦划的痕迹。1839年,阿加西斯发现,有一间以前建造在冰川上的小屋已经随冰川下移了(距原地点)大约1英里的距离。为了验证冰川运动的现象,他

⊙巨大的冰川漂砾

⊙不同类型的现代冰川（1、2、4为大陆冰川，3为山岳冰川）

在一条冰川上横向笔直地深深打了一排标桩。到1841年时，这些标桩有了一段距离相当可观的位移，而且变成了U字形，这分明是由于冰川的中央部分移动得较快所致；而在边缘，由于同山体石壁的摩擦，移动速度受到了阻抑。阿加西斯因此得到了启示，冰川运动在许多年前，甚至数万年前就可能存在，它们规模宏大，冰河时代曾经覆盖了许多地区。

为了进一步研究冰川，阿加西斯放弃了古生物研究，索性住进了阿尔卑斯山中。他在阿尔卑斯山的冰川上搭起了一座简陋的冰上小屋，这是世界上建立的第一个"冰川研究站"。在这里，他一住就是七年。简陋的木棚随着冰川的缓慢移动而移动，而他关于冰川的知识也在不断地增长和积累。他在这里观测冰川的运动，探测冰川的厚度，测算冰川的运动速度……现代冰川学中的许多名词，如漂砾、冰碛物等都是那时阿加西斯创造的。1846年，阿加西斯在英国著名地质学家赖尔的推荐下，到美国波士顿进行了一系列成功的科学演讲，吸引了众多热忱的听众。

在阿加西斯的带动下，冰川研究不断深入，人们在北美也发现了许多古代冰川遗迹。按照阿加西斯的理论，北欧广阔的平原曾经被巨大的冰盖所覆盖，当时的北欧很像现在的南极，是茫茫无际的银色世界。不仅如此，北极地区的大冰盖曾南下掩埋了北美洲的东北部。自此，阿加西斯的后半生完全献身于冰川学。1873 年 12 月 14 日，阿加西斯病逝于波士顿，为了纪念他对自然科学，特别是对冰川学所做出的开创性贡献，在他的墓前安放了一块特殊的纪念碑，那是从他长期工作过的温特阿尔冰川运来的巨大冰碛石，重达 2500 吨。

地球上的冰川

地球表面约有 1600 万平方千米被冰川所覆盖，占全部陆地面积的 11%。冰川就是庞大的固体水库。冰川分为两种类型：山岳冰川和大陆冰川。山岳冰川发育在高山地带，有充足的给养区和消融区，但发育受地形限制，规模往往较小。而大陆冰川就不同了，它们往往出现在两极地区，不受地形的影响，冰体巨厚，横亘千里，例如著名的格陵兰冰川。

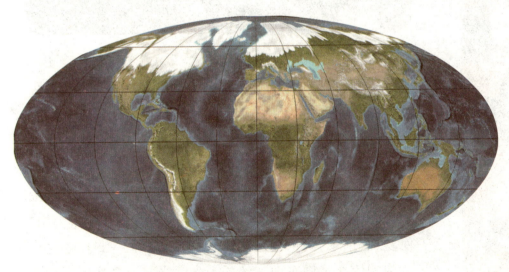

⊙第四纪时全球冰川分布（白色部分）

风靡全球的淘金热

淘金热又称淘金潮，是指一个地区戏剧性地发现了数量上拥有商业价值的黄金时，大量移民涌入这个地区进行开发的现象。从19世纪50年代起，在美国、加拿大、南非和澳大利亚等国相继发现黄金，特别是美国西部，吸引了美国本土及大量外籍移民（其中包括大量华人）涌入，具有广泛的世界影响。

⊙沙金产出在河岸或地表层，人们用洗脸盆从沙里淘洗黄金

黄金属于贵金属。黄金与货币结缘后，占有黄金便成为人们的梦想。19世纪初，美国开始了西进运动，大量移民在美国政府号召下从东部向西部推进。1848年，来到加利福尼亚北部的人们在这里发现了金矿。3月15日，旧金山的一家报纸首先刊登了发现金矿的消息；5月，有人带着沙金样品从产金区来到旧金山，使发现金矿的消息得到证实；8月19日，一封描述这次发现的信在美国东部纽约的《先驱报》上刊登，不仅引起了全国性的轰动，而且迅速传遍了全世界。

当时，人们都试图一圆淘金的梦想。据那时的报刊记载：几乎所有的企业都停了业，海员把船只抛在海湾，士兵们则离开了营房，教师不愿教书，仆人弃主而去，人们纷纷涌向金矿发现地。为了到西部淘金，美国东部的许多农民典押了自己的土地，公务员甚至也抛弃了优厚的待遇，加利福尼亚等西部各地成了他们的向往之地。淘金热使人们发了狂。这股热潮像流行病一样传到俄勒冈州等各地，甚至传到邻国墨西哥，有4000多墨西哥人北上加利福尼亚，加入淘金大军。

由于沙金产出在河岸边或地表层，只要用一个普通的洗脸盆，就可以从沙里淘洗出黄金。那时，平均每人一天能有20美元的收入，这相当于美国东部工人日工资的20倍。在一个富矿区，人均每天的收入可达到两千美元。1853年，淘金热达顶峰，加利福尼亚的黄金产值由1848年的500万美元增加到1853年的6500万美元；1851—1855年，美国的黄金产量几乎占全世界的45%，美国很快成为世界上最大的产金国。

美国政府十分重视在加利福尼亚爆发的淘金热，因为它和西

⊙当时的淘金作坊

上：美国西部的淘金热纪念馆
下：新一轮淘金热还在大洋洲继续

美国东部人纷纷响应西进的号召，涌向加利福尼亚，在很短的时间里便使得西部人口剧增，而且形成不少新的居民点和城镇。旧金山当时被认为是世界上"发展最快的城市"，1848年3月只有800多人，1849年年初已接近5000人，

⊙金砖

⊙淘金热曾席卷全球

进运动紧密联系在一起。当时的背景是：国内人口和产业发展都集中在东部，政府还没正式兼并加利福尼亚，正需要有美国人大量进入加利福尼亚，使这一地区的人口能达到以州的名义申请加入联邦的法律规定。1848年6月，美国驻加利福尼亚总督梅森专门向总统呈交了一份报告，称西部发现金矿的价值足以支付几百倍以上的墨西哥战争损失的费用，顿时人心大振。得知这一内情的

1850年增至25000人。淘金热给美国带来巨大的影响：首先是增长了社会财富；其次是带动了西部地区工业及相关产业的发展；同时，由于人员的大量涌入，加快了商业、农业、牧业和交通运输业的发展；最后，刺激了地质

和采矿业的发展。

采掘矿种由最初的采金发展到采银等多种矿物。如位于内华达的一个矿产基地，距离加利福尼亚边境仅 20 英里，此地不仅金矿资源丰富，而且被认为是世界上最丰富的银矿蕴藏地。有的地区在采金的过程中还发现了铜等矿物。据统计，1848—1931 年，在美国西部通过矿产开发获得的价值是：产金 42 亿美元，产银 31 亿美元。此外，还有大量其他矿物被开采，仅蒙大拿地区的铜产量在 1882 年就达到 900 万磅，十年后的产量又增长了 17 倍。美国工业因此进入一个新的发展阶段。

⊙今日的旧金山，当时被认为是世界上"发展最快的城市"

知识链接 ZHI SHI LIAN JIE

奇特的沙金

金通常赋存在岩石中（如含金石英脉岩），把金从岩石中分离出来需要复杂的技术。由于金的比重大，在自然风化条件下，金也容易从岩石中剥离出来。美国淘金热时，人们寻找的就是这种金，即沙金。沙金的特点是：颗粒大小不一，大的像蚕豆，小的似细沙，形状各异。往往自然沉淀在河流底层或两岸低洼地带，经过反复淘洗就可获得。

奇妙的微体化石牙形刺

牙形刺也叫牙形石，个体一般仅为 0.2～2.0 毫米，是一种典型的微体古生物化石，其主要化学成分是磷酸钙。牙形刺虽然个体微小，但数量众多，特征明显。它们最早被发现于寒武纪的地层中，演化迅速，到三叠纪时基本绝灭。牙形刺广泛分布在世界各地的海相沉积中，但它的生物分类位置至今仍难以确定。

1856 年，俄国学者潘德尔在显微镜下挑选岩石碎屑样品，这是一批来自波罗的海沿岸的古生代石灰岩，它们被酸处理后全部成为微小的碎屑。忽然，在显微镜下的视域里出现一个齿状物，它的颜色浅灰，并带有一点点琥珀色。这是什么呢？还没等他想明白，又有一个类似的出现了，潘德尔来了兴趣，他在显微镜下认真挑选起来，花了一个上午的时间，他在这批岩石碎屑中发现了七八枚这样的齿状物。潘德尔揉着疲惫的双眼犯了难，他以

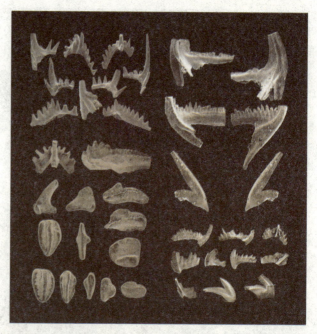

⊙ 各种形态的牙形刺

前可从没有见过这种东西。

查阅了大量资料后，他又来到显微镜前仔细研究这些奇妙的小东西，显然这不是鱼的牙齿，因为它们太微小了，只有 0.1~0.5 毫米，小鱼的牙齿也没有那么小，再说，它的基部还有一个很浅的空腔呢。潘德尔认为，这可能是一种新的微体化石，根据它的独特形态，把它命名为 *Conodont*，意思是齿锥状化石。

到 19 世纪末，人们已经在欧洲许多地方发现了牙形刺。牙形刺的形态也不仅仅局限于齿状或单锥状，常常是一个大齿连带几个小齿，或者是中间一个主齿，左右两边又发育一些小齿，人们把这种类型的称作复合型牙形刺。后来又发现了更加复杂的牙形刺：在一个类似台板的形状上生长着许多大小不同的齿，这被称为平台型牙形刺。

通过研究，古生物学家发现，最古老的牙形刺产生于 5 亿多年前的寒武纪早期，它们大体上都是单锥型的，形态简单。复合型的牙形刺开始出现于奥陶纪，到志留纪时则涌现出许多不同类型的牙形刺，如单锥型、棒条型和叶片型。而牙形刺数量最多、形状变异最大的时期发生在泥盆纪，泥盆纪以后，牙形刺在数量上开始减少。到古生代晚期，它们几乎消失了，不过中生代早期仍有牙形刺出现，直到三叠纪末期，才彻底告别了历史舞台。

问题是，从牙形刺出场到最后从地球上消失，人们还没搞清楚它们到底是什么。牙形刺的外形确实很像某些鱼类的牙齿或环节动物的颚器，经过比对和结构构造的研究，都被否定了。这种

⊙文昌鱼，体形像鱼的动物，许多研究者认为牙形动物与其相似，为现代脊椎动物的祖先

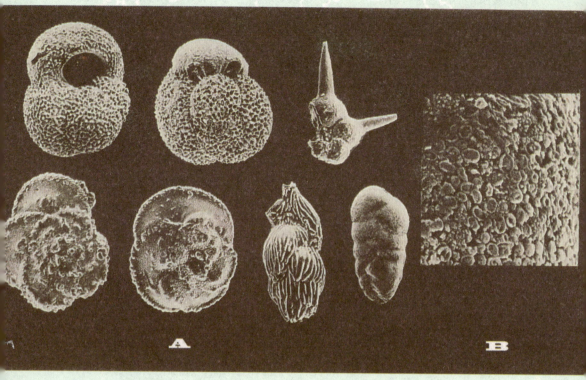

⊙有孔虫化石（A.不同种类的有孔虫；B.壳体的表面纹饰）

奇特的齿状化石后来被归入环节动物、节肢动物、头足动物、袋虫类、腹毛类、毛颚类、动吻类，甚至植物等18种不同的生物门类，可以说，没有任何一种化石种类像牙形刺那样扑朔迷离。但有一点是清楚的，它们是生活在海洋里的生物，因为牙形刺仅仅被发现在海相沉积物中。

经过近百年的研究，古生物学家倾向于把牙形刺称为牙形动物，认为它们起源于寒武纪，处于脊椎动物演化的最早期，与现代的文昌鱼相像，是脊椎动物的祖先。它们有可能是这种动物的消化器官的组成部分。没有牙形动物，就没有现代的脊椎动物，也就没有人类，它可能还是人类的远祖呢。

美国古生物学家还用实验证实了牙形刺的不同颜色与有机变质程度的直接关系，这种变化与温度、埋藏深度和时间有关，可用于研究古环境演化。牙形刺的最大价值体现在地层学上，因为

⊙植物的孢子花粉化石

化石的微观世界

谈到化石，人们津津乐道的往往是恐龙、猛犸象这些庞大的动物，却不知化石还有微观世界。在19世纪初，随着生产力的发展和科学的进步，人们的视野被逐渐打开。1838年，人们发现了植物的孢子花粉化石，但更早一些，人们发现了单细胞微体生物放射虫，后来，有孔虫、牙形刺等形形色色的微体化石也陆续被发现，而牙形刺是最奇特的一类。

演化迅速，在不同年代的地层中都有标准属种，完全可以依赖它们解决地层的年代和不同区域地层的对比问题。随着20世纪石油勘探的发展，牙形刺这种袖珍化石确实发挥了奇妙的作用，在对几千米深的井下碳酸岩地层和储油层的对比上，牙形刺的分析和利用是绝对不可缺少的手段。此外，还可依据牙形刺的颜色判断石油有机成熟度，圈定油气远景区。

牙形刺的这些价值，如果被它最初的发现者潘德尔得知，也会倍感惊奇吧。

李希霍芬与中国地质的情缘

你可能知道景德镇陶瓷，知道这种陶瓷的原料是高岭土，但高岭土是谁命名的呢？你可能知道黄土，也知道西北地区堆积着黄土高原，但黄土风成说是谁最早提出的呢？这些都是德国地质学家、地理学家和探险家李希霍芬提出的。李希霍芬曾多次到中国考察地质和地理，完成了许多奠基性工作。

李希霍芬早年从事欧洲的区域地质调查，曾任德国波恩大学、莱比锡大学和柏林大学的教授、柏林大学校长，具有较高的理论水平和丰富的野外观察和实践经验。1860—1862年间，李希霍芬参加了当时普鲁士政府组织的东亚远征队，前往亚洲的许多地方考察，到达了锡兰（今斯里兰卡）、日本、印尼、菲律宾、暹罗（今泰国）、缅甸和中国台湾等国家和地区，继而，他把目光投向中国大陆。因为中国几千年的文明史太有影响力了，他决心独自探访这块神奇的国土，了解她的文化，了解她的资源分布情况。

⊙李希霍芬像

然而，事情并非他所想象的那么顺利，他先后经历了两次挫败。1862年，李希霍芬试图由南亚迂回进入中国，然而承诺资助他的汉堡银行家在其一切准备就绪时突然毁约了，拒绝资助他完成个人的探险活动。受挫后，李希霍芬一度赴加利福尼亚考察美国西部矿业，在那里，萌生了第二条考察中国的路线：从加利福尼亚出发，经堪察加半岛抵达西伯利亚，再从北亚进入中国。但是，没有人愿意陪伴他穿越冰天雪地的西伯利亚和干旱无垠的蒙古沙漠。

事情有了转机，他在加利福尼亚的金矿考察取得了成果，随之掀起了淘金热，李希霍芬在美国成了公众人物。加利福尼亚的银行家们立即看中了年轻的李希霍芬，认为他能够肩负起开发中国新大陆的前期探路和奠基工作。1868 年，获得美国资助的李希霍芬到达上海，从此开始了他独立的研究中国之旅。

在中国，他的足迹遍及当时18 个行政省中的 13 个，纵横大半个中国。李希霍芬考察了以前欧洲人几乎从未涉足、更谈不上进行过科学考察的广大中国腹地，成果斐然。后来，他又连续来中国进行了七次考察，完成了大量的地质、地理研究，如阐述了中国地质基础和自然地理特征，提出了中国黄土的风成理论，他还首先提出了"五台系"和"震旦系"等地层术语。在西北考察时，他正确地探察到罗布泊的位置，引

⊙李希霍芬深入中国腹地进行地质考察

⊙长江西陵峡地区的震旦系

起世人的瞩目。在江西景德镇，他专门调查了高岭山一带的陶瓷原料，并以"高岭"的拉丁文译名Kaolin命名了这种陶土原料，使高岭土成为世界上第一个以中国的产地为通用名称的矿物。他

还三次去山西考察煤炭资源，对煤矿地质分布、煤层厚度变化、煤的质量、矿区产量甚至运输路线等一一调查，认为"山西是世界上最出色的煤炭资源产地之一……以目前煤的消费水平而论，山西一省的煤矿可供全世界几千年的使用"。

在当时的中国处于地质调查完全空白的情况下，李希霍芬的考察及其研究成果显得极其宝贵。他作了很多开创性的研究，为日后中国地球科学的奠基和发展铺平了道路。尤其为当时的中国带来了近代西方地学甚至整个自然

⊙高岭土成为世界上第一个以中国的产地为通用名称的矿物

132

科学的思想和方法。

　　但另一方面，李希霍芬在中国进行的国土调查和科学研究却带有一定的掠夺性。例如他基于自己对山东资源分布的了解，曾向德国政府提议取得胶州湾及其周边铁路的修筑权，以便德国掠夺华北地区的煤、铁及棉花等。他还完成了一幅以近代科学测绘技术绘制的山东地图——《山东东部地图》，它和其他 54 张比例尺为 1∶750000 的地图一起，出现在《中国地图集》中。这套详尽的地图是一整套解读中国的特殊语言符号，对西方列强在中国瓜分势力范围提供了最为直接的帮助。事实上，李希霍芬在中国开展的所有工作都与德国的利益联系在一起。在特定的历史条件下，李希霍芬对中国地质的情缘造就了两方面的结果：一方面，科学考察和研究提倡的是理性思维和清新的学术空气，以及由此给封建中国带来的崭新气象；另一方面，是引来西方列强的贪欲目光以及急于染指中国主权、瓜分东亚自然资源的狼子野心。

地球的圈层结构

　　地球表面由大气圈、水圈、生物圈和岩石圈组成，这是李希霍芬最早提出的，也是人们对地球圈层结构的基本认知。除大气圈、水圈与人类关系最密切外，人类的生存和发展也离不开整个生物圈的繁荣。此外，岩石圈也是不容忽视的。岩石圈只是地球表面很薄的一层，在它下面到地球的核心，还有非常遥远的距离。如今，人们对地球四大圈层的认识更加深化。

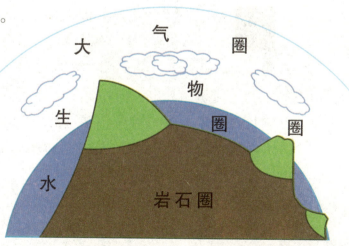

⊙李希霍芬最早提出了地球的圈层结构

"挑战者"号的大洋壮举

"挑战者"号科学考察船进行了世界上第一次环球海洋考察，这是人类历史上首次综合性的海洋科学考察。从1872年12月至1876年5月，"挑战者"号在大西洋、太平洋和印度洋历时3年5个月，完成了海洋物理学、海洋地质学、海洋化学和海洋生物学的大量工作，成为可载入史册的伟大壮举。

⊙ "挑战者"号科学考察船进行了世界上第一次环球海洋考察

英伦三岛地处西北欧，被大西洋、北海与英吉利海峡所环绕。英国很早就重视对海洋的开发，也有悠久的征服海洋的传统。1872年12月，一艘貌不惊人的木制三桅帆船驶出英国朴次茅斯港。不要小瞧这条船，它长68.9米，2300吨位，靠风帆和蒸汽机推进，被命名为"挑战者"号。此前，英国皇家地理学会提出大洋考察计划，英国海军部随即对一艘小型护卫舰进行了改装，为了适应大洋环境，"挑战者"号装配了当时最为先进的仪器、设备以及实验室。英国政府任命爱丁堡大学博物学家汤姆森教授为科学考察队队长，成员由六位科学家组成，包括海洋学家约翰·默里、化学家布坎南等。船长为乔治·奈尔斯。"挑战者"号的命名，表达了人类向茫茫大海挑战的决心。

1873年2月，"挑战者"号初战告捷，船员们在加那利群岛西南海域作业时，从海底捞到许多暗黑色、像马铃薯一样的凝结团块。尽管谁也不认识那是些什么东西，但毕竟是从海洋深处得到的第一批实物资料，大家非常兴奋。布坎南经过化学分析，发现它们全部都由过氧化锰和氧化铁组成，这正是在海底沉睡亿万年的珍宝——海底锰结核。离开加那利群岛后，"挑战者"号在太平洋塔西提岛、夏威夷群岛等处的深海底部，陆续发现了这种锰结核。日后，深海锰结核成为经济价值很高、大国争相开发的深海矿产资源。

由于当时的海洋观测仪器还比较落后，"挑战者"号在大洋

⊙在海底沉睡亿万年的海底锰结核

⊙研究从海洋中获得的珍贵材料

困难，在所经过的大西洋、印度洋、太平洋和南极海的492个站位均完成了深度测量，最值得骄傲的是，测得了太平洋最深的马里亚纳海沟的深度为8180米，这是人类首次获得的大洋深海沟的数据。

这次大洋考察还第一次使用特殊温度计测量了海洋深层水温及其季节变化；采集了大量海洋动植物标本，发现了715个新属及4717个海洋生物新物种，其中甲壳类就有1000种；还收集了大量海水、海底底质样品，验证了海水主要成分比值的恒定性原则；编制了第一幅世界大洋沉积物分布图；此外，还测得了调查区域的地磁情况。历经3年半获得的全部资

中的科学考察异常艰辛。例如测量海深，那时还没发明回声探测仪，只能采用最古老的铅锤测深，把事先缠绕在绞车上几千米钢缆的一端系上铅锤，缓缓投入海中。为了测量准确，必须停船才能进行，既费时又费力，测量一处海深需要花费好几个小时，风浪大时往往不能操作。但"挑战者"号上的科学家和船员克服了重重

料和样品，后来经过 76 位科学家花费了 23 年才整理完成，因此成为世界上经历时间最长的专项科学研究。

"挑战者"号的航行，除发现大洋锰结核、海洋新物种外，还有许多科学理论上的新建树。例如，发现在大洋深部 5500 米以下还有动物生存，证明生物可以承受巨大的海水压力。此外，在这次大洋考察前，一般都公认深海海水比重大，投入海水的重物难以沉入海底。实际上，这一认识也是没有科学依据的。

"挑战者"号环球海洋考察也极大地提高了人们对海洋开发的兴趣。此后，德国、俄国、挪威、丹麦、瑞典、荷兰、意大利、美国等许多国家都相继派遣调查船进行环球或区域性海洋调查，人类对地球的认识更加深化了。

知识链接

向大洋挑战

除了"挑战者"号环球海洋考察，值得称道的近代著名大洋考察还有德国"流星"号的两次（1925—1927 年，1937—1938 年）大洋考察以及瑞典"信天翁"号调查船的热带大洋调查（1947—1948 年）。后者侧重进行热带深海调查和深海底的地质采集，经历了 10 多年的整理和计算分析，最后出版了《瑞典深海调查报告》，这也是一部巨著，共 10 卷 36 分册。

⊙ 征服大洋的勇士们

为地质图着色的卡尔宾斯基

1881 年第 2 届国际地质学大会上，卡尔宾斯基向大会提出了他的建议：对世界通用的地质图要标定一致的颜色，以利于全球的交流和使用，在地质图上用紫、蓝、绿、黄四种颜色分别代表三叠纪、侏罗纪、白垩纪、第三纪的地层。大会采纳了他的建议，从那时起，这一标准一直被世界各国沿用到今天。

俄罗斯地质学家卡尔宾斯基在地质科学各个领域都有重大的建树，然而他的成就和国际威望并不是一天就形成的。1847 年他生于俄国乌拉尔地区一个矿业工程师的家庭，1866 年毕业于圣彼得堡矿业学院。青年时代的卡尔宾斯基勤奋好学，为了了解和掌握地质学各个领域的知识，他把时间都投入到图书馆和实验室

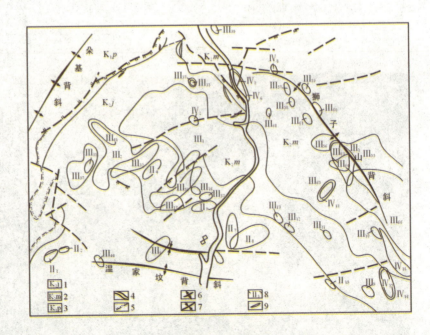

⊙ 未着色的地质图

里。俄国地域辽阔，为开展地质研究提供了很好的条件，卡尔宾斯基经常利用假期到田野、山间去野外踏勘，观察各种有趣的地质现象。

在国际地质界关于地槽、地台单元的学说还没有完全建立起来之时，卡尔宾斯基就形成了关于构造地质学的独特见解。他的观点反映在所发表的一系列学术论文中，他对俄国欧洲部分地质构造及发展史有全新的解读。按照他的观点，俄国的西部大地被断层切割成高低错落的许多部分（后被称为地垒和凹地）。卡尔宾斯基发现这些都与两条构造变动线有关，这是乌拉尔褶皱带向俄国地台挤压的结果，这两条构造变动线，被后人称作"卡尔宾斯基线"。他还通过编制和研究俄国的古地理图获得许多构造地质学的新认识，推动了当时俄国地质科学的发展。

⊙亚洲地质图

地质工作者在野外考察时离不开地质图，卡尔宾斯基在野外时注意到，已有的地质图和新编地质图在对不同时代地层的标记上比较混乱，只好用一些符号注明。卡尔宾斯基认为着色是最实用、有效的办法，把不同时代的地层填上固定的颜色，一目了然还便于记忆。当时已有人尝试使用这一方法，但各国没有统一的着色标准，仅俄国国内各地就不

⊙左：菊石的外部形态；右：菊石的内部结构

一样。卡尔宾斯基呼吁采用统一的标准。在第2届国际地质学大会上，他向大会提出建议：对世界通用的地质图要标定统一的颜色，以利于全球的交流和使用，用紫、蓝、绿、黄四种颜色分别代表三叠纪、侏罗纪、白垩纪、第三纪的地层。大会采纳了他的建议，在全球推行这一标准并一直沿用至今。

卡尔宾斯基还是一位出色的古生物学家。早期他曾研究过采自乌拉尔地区的海洋无脊椎动物化石。与传统研究方法不同，他并不拘泥于古生物属种的描述和鉴定，而是把主要兴趣投入到古代生物与生存环境的关系方面。例如，他研究菊石时，常常聚精会神地坐在实验室里，一边仔细观察这种外表有几分像现代蜗牛的菊石壳，一边像外科医生一样，对菊石进行精细"手术"，来观察它的内部结构。通过研究，他揭开了菊石内部结构的奥秘：菊石身体栖居的大腔室称为住室，而一系列小室叫作气室，里面充满空气，用以支撑菊石的身体，同时增加浮力并起着坚固壳体的作用。

1899年，他完成了对旋齿鲨的研究，此项研究着重对化石骨骼物质成分进行分析，指出了其中次生矿物的情况，并论述了关于旋齿鲨埋藏条件的问题。1903年，他在研究腕足动物化石时，指出了其贝壳在岩石中排列的方向性，认为这种埋藏状况是水流作用的结果，应与水动力条件联系起来考虑。卡尔宾斯基所做的上述一系列工作，后来发展成为两个重要研究领域：古生态学和化石埋藏学。

卡尔宾斯基对地质学的贡献，赢得了学术界的尊重。他于1886年担任圣彼得堡科学院研究员，1889年当选为科学院非常任院士，1896年当选为常任院士。圣彼得堡科学院是世界上最重要的研究机构之一，十月革命后圣彼得堡科学院改称苏联科学院，从1917年起，卡尔宾斯基担任苏联科学院院长，一直到1936年他在莫斯科逝世。在他的领导下，苏联科学院成为苏联最高学术机构，出色地协调和组织了全国重大的科学活动，确定了国家科学研究的总方向，为苏联科学事业的发展做出了巨大贡献。

ZHI SHI LIAN JIE

知识链接

地台

地台是早期大地构造学中的术语。地台是相对稳定的大地构造单元，也称陆台，一般表现为平坦的波状平原、绵延的大片高原或坡状的大陆架浅海地区。地台内可以高低不平，高的形成地垒，凹地也称地堑，它们通常相间出现。地垒在地形上常表现为断块山，如中国的华山。地堑则相对低平，如北欧著名的莱茵地堑。

⊙ A为旋齿鲨复原与生态图；B、C为旋齿鲨化石

戴维斯引发地貌学之争

戴维斯是美国地学界知名学者、地貌学派的创始人，又被称为"美国地理学之父"。他曾旅行过世界各大洲，考察过干旱区、冰川和珊瑚礁的不同形成条件，对美国东、西部地区的地貌有深入研究。1904 年，他发起成立美国地理学会，为著名的《国家地理》杂志撰写大量文章，具有广泛深远的影响。

威廉·莫里斯·戴维斯出生于美国费城。由于其家庭信奉基督教，戴维斯从小就具有良好的教养和坚定的信念。1869 年，他毕业于著名的哈佛大学，1870 年，他获工程硕士学位。后来赴阿根廷从事气象工作，在此期间，他对地学产生浓厚兴趣，于是又回到哈佛大学进修地质和自然地理学，后来就一心一意钻入这个领域，一干就是 60 年。在哈佛，曾先后任助教、讲师，后来又升为副教授、教授，1899 年被指定为哈佛大学地质系斯特吉斯·胡珀基金会教授。

戴维斯在野外地质考察中发现地球表面的地貌特征非常有特点，美国东、西部地区的地貌发育也完全不同，便主张在大学授课中，把普通地质学中的地貌部分提取出来，成为新的学科发展方向——地貌学。通过对科罗拉多大峡谷、阿巴拉契亚山地、大西洋沿海平原及河谷的研究，他认为应该用发生学观点研究地貌的形成与发展，因此提出了侵蚀循环说，又称地貌轮回说。他认为，地球表面的地形发展就像人的一生那样，要经历过幼年期、成年期和老年期。河谷的形态最能代表地貌发育的各个阶段：当原始地面未经河谷切割，河谷呈"V"形，河水在河谷里往下奔流，这一阶段为"幼年期"；当河流不断侵蚀周围原始地面时，

⊙河流的幼年期

⊙河流不断侵蚀周围地形，进入成年期

地形高低起伏逐渐明显，地面出现下降，河谷开始向两侧扩展，这一阶段为"成年期"；当谷地完全演变成缓坡或低地时，河流蜿蜒于宽阔的河床里，这一阶段为"老年期"。此时，地表高大的起伏几乎消失，戴维斯称其为"准平原"。当地壳又抬升时，侵蚀又重新开始，出现"回春"，这样周而复始地进行下

⊙老年期的河流水流平缓、河床开阔

去，形成各种各样的地貌形态，这一过程就是侵蚀循环，也就是地貌轮回。

戴维斯提出这一理论表明地表的形貌随时间而改变，宣告传统观念中认为地球表面形态"生来如此"的时代已经过去了。但是，他的理论一经提出，就遭到了质疑。反对派认为地质条件非常复杂，他的理论太过于理想化，许多地区的地貌发育不是侵蚀循环这一简单模式所能概括的，其代表人物是德国地理学家、地质学家瓦尔特·彭克。

彭克出生于德国莱比锡，是著名地理学家阿尔布雷希·彭克之子。他曾在君士坦丁堡大学和

莱比锡大学担任教授，既得到了父亲地球科学造诣的真传，又善于观察和思考。他的足迹遍及全欧洲，还考察过南美洲和小亚细亚，对地质学、地理学都有建树，在欧洲地学界的影响不亚于他的父亲，被誉为"地貌学的哥白尼"。对于戴维斯的理论，彭克自有他的观点。根据自己多年的考察，他提出河流在河谷中向两侧扩展时，被剥蚀的是坡地的坡面而不是坡顶。也就是说，戴维斯认为坡地的剥蚀是自上而下进行的，但彭克认为坡地在剥蚀作用下是平行后退的，且在后退过程中坡度保持不变，这一理论被称为"平行后退理论"。彭克进一步指出，随着坡面的后退，高地范围缩小，可逐渐形成剥蚀平原，并列举了许多例证，地貌学之争就此展开。

德国著名的地质学家帕萨格也针对戴维斯的地貌轮回说进行了详尽的分析与批评。但戴维斯的同胞、美国著名地质学家鲍曼（曾任美国地理学会会长、约翰·霍布金斯大学校长）与他一道，同德国学者进行论战，他曾在《地理评论》上发表论文，坚决捍卫戴维斯的观点。后来这一论战持续时间长达半个多世纪，不仅对地貌地质学，对整个自然地理学都产生了深刻的影响。

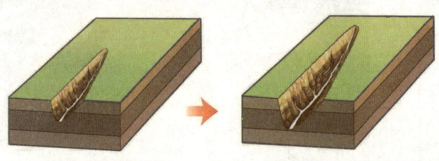

A. 初期的侵蚀作用　　　B. 逐渐形成剥蚀平原

⊙图示彭克的平行后退理论

用地震波解读地球的结构

地震波是由地震震源发出的在地球介质中传播的弹性波。地震发生时会发生剧烈的震动，如墙倒屋塌，过去人们不明白是怎么回事，以为地下有怪物或是神的力量，后来才知道这是地震波的作用。地震波分横波和纵波，人们的肉眼虽然看不见地震波，但它确实存在。

南欧巴尔干半岛克罗地亚地区，处于新生代地质构造最为活跃的地中海—喜马拉雅一线，受板块运动的影响，这里是个地震多发区，古往今来，地震频繁不断。1880年11月，这里又发生了一次破坏性地震。1882年，克罗地亚从土耳其人统治下解脱后独立，新建政府立刻拨款研究地震机制，希望减少地震灾害带给人们的损失。当时任命莫霍洛维奇全面主持地震的监测和地震数据的搜集工作。

莫霍洛维奇极有天赋，他15岁时已学会了英语、法语、

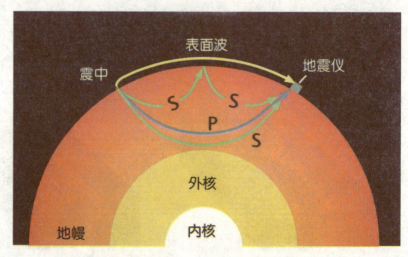

⊙地震发生时，产生两种造成震动的波

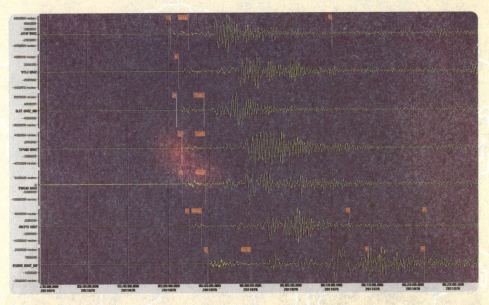

⊙纵波（P）传播速度很快，这是它迅速传播的波形变化

意大利语等七八种语言。考入布拉格大学后，他在物理学家 E.马赫的指导下学习，成绩优异。毕业后不久应聘到巴卡尔皇家航海学院教授气象学和海洋学，并在1877年建立了气象观测站。他主持地震监测和研究后，完成了许多重要研究项目并取得了许多新认识。1891年，他担任萨格勒布高等工学院教授，继续关注地学研究。1901年，该地区又发生强烈地震，促使莫霍洛维奇决心建设地震台，由于得到政府的支持，地震台拥有一批新式仪器，成为欧洲较先进的地震观测中心。

莫霍洛维奇根据国内外30多个地震台的记录资料分析，发现一个重要现象，在陆地下面43千米左右的深度（或在海底七八千米深度），地震波行进速度有明显的变化。原来，地震发生时，会产生两种造成震动的波，一种是造成上下震荡和颠覆的波，叫纵波；另一种是引起左右晃动和移动的波，叫横波。纵波传播速度很快，在固体、液体和气体中都能畅通无阻。而横波传播速度稍慢，且只能在固体中传播，另外，固体密度越大，传播速度越快；密度越小，传播越慢。莫霍洛维奇注意到，在上面提到的深度以上，纵波的传播速度是每秒6.2~6.7

千米，横波是 3.6~3.8 千米。而在此深度以下，两种地震波的传播速度则有跳跃式变化：纵波的传播速度是每秒 7.9~8.2 千米，横波是每秒 4.4~4.7 千米。这说明什么呢？莫霍洛维奇认为，这个深度极其重要，因为它的上面和下面的物质，在物理和化学性质上有明显差异，即越往地下深处，地球物质的密度越大。虽然我们不能钻入地下深部，但地震波使我们预知了地球的结构：它应该是分层的，地表和地下的物质截然不同。

1911 年和 1913 年，又发生了两次地震，莫霍洛

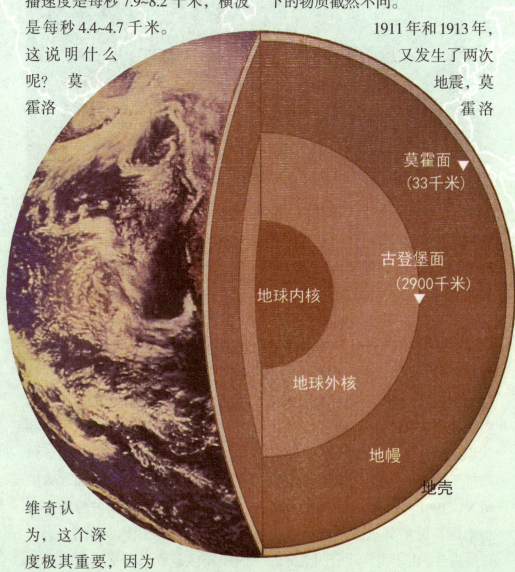

莫霍面
（33千米）▼

古登堡面
（2900千米）
▼

地球内核

地球外核

地幔

地壳

⊙地震波揭示了地球内部的奥秘

维奇和德国地球物理学家古登堡再次观测到这一特殊的现象，分析结果证实了早先莫霍洛维奇的推论，并经过详细的测定，确定了这个界面的具体深度值（修正为平均 33 千米）。这个界面后来被认为是地壳与地幔的交界面。为了纪念莫霍洛维奇的重要发现，这个分界面被命名为莫霍洛维奇面，或简称莫霍面。

古登堡也是个从小就热爱地球科学的人。他是出生于德国的犹太人，1908 年入德国哥廷根大学学习，师从著名地球物理学家维舍特，1911 年通过了题为《论地震脉动》的论文答辩，获得了博士学位。他在维舍特、莫霍洛维奇等人的研究基础上，进一步观测地震波在地球内部的传播路径与速度。1913 年，他从观测数据中分析得知，在地下 2900 千米深度以下，纵波的传播速度从每秒 13.25 千米突然降到每秒 8.5 千米，横波则完全消失。后来，他又与美国地震学家里克特合作研究，再次观测到这一事实。这应该是地球内部的又一个重要分界面，后来，这个深度所代表的界面被认为是地幔与地核的分界面。为了表彰古登堡的功绩，它被命名为古登堡面。古登堡把后半生的精力也全部奉献给了地球科学，先后担任几个大学的教授，还是美国科学院院士、英国皇家天文学会会员、美国地质学会会员，并担任美国地震学会主席。

莫霍洛维奇和古登堡不仅是证实地震波存在的人，也是利用地震波揭开人类不可能亲临其境探究的地球内部奥秘的人。

揭秘地球内部的人

古登堡在移居美国前，写过《地球物理学教科书》，编辑了著名的《地球物理学集成》等。1939 年和 1951 年，古登堡两次编辑出版了《地球内部的构造》一书。1959 年出版了他晚年撰写的《地球内部物理学》。1941 年，他还与里克特合作发表了重要论文《地球的地震活动性》，以后几经增补修订，于 1949 年以专著形式出版，1954 年印刷第二版，受到学术界的极大关注。这些论著是近代地球物理学的珍贵史料，不仅总结了当时重要的地球物理发现，也展望了今后地震观测和地震预报以及地球深部研究的意义，在今天也具有重要的参考价值。

南森的北极探险

完成南极探险后，人们把目光投向北极，那里是不是也和南极一样有被冰雪覆盖的大陆呢？多数史学家认为，北极探险最早是从古希腊人开始的，后来有许多人试图去北极，但由于那里终年气候寒冷，难以进入。直到 19 世纪末，挪威探险家南森才成功地完成了北极探险，他是世界上第一个证实北极不存在陆地的人。

人们对北极的了解欲望，一点儿也不亚于南极，因为这是认识和了解地球的一部分。但是，北极地区有其特殊的地理条件，要想到达北极，在 19 世纪实在是不可能完成的任务。曾经有许多探险队都在浩瀚的冰雪世界里折戟沉沙，让人们记忆犹新的是从 1845 年开始的那次探险，英国海军部派出富有经验的北极探险家约翰·富兰克林组织北极航行，全队 129 人在三年多的艰苦行程中陆续死于寒冷、饥饿和疾病，这次无一生还的探险行动是北极探险史上的最大悲剧。

1861 年，南森出生于挪威奥斯陆。他虽然是一位律师的儿子，但对法律、政治不感兴趣，大学里他学的是动物学。1882 年，他乘船到格陵兰水域去作生物调查，但这次海上调查

⊙ 勇敢坚毅的南森

⊙ 与因纽特人相伴的北极犬

激发了他对研究北冰洋的兴趣。

南森认为，要进入北冰洋，首先要征服地处北极圈内的格陵兰岛，他提出了以雪橇作为工具进行横跨格陵兰冰盖的考察规划，但挪威政府没有支持他，南森转而从一个丹麦人那里获得了资金支持。1888年5月，南森在五个同伴的伴随下开始从东海岸穿越格陵兰冰盖。当他们实现穿越、千辛万苦地于10月到达西海岸时，却无法离岛回家，因为他们没赶上当年那里的最后一班轮船。南森和他的同伴只好留下过冬，但那个冬天却给了南森研究因纽特人的一个机会。回国后他写成一

本名为《因纽特人的生活》的书，受到人们的关注和喜爱，此次横穿格陵兰冰盖的探险，行程560千米，历时40多天。

格陵兰岛考察成功之后，南森开始谋划北冰洋探险。他总结了以往前人失败的教训，认为他们之所以不能最终进入北极，主要是受洋面上大量浮冰的阻挠，船体难以穿越。于是他提出了一个大胆的设想，让船与巨大的浮冰成为一体，借助海水的力量，随冰逐流，最终穿越北冰洋。

为此，南森与著名的舰船工程师们共同设计了一艘新型的船，他们设想，当水面上有浮冰向船

⊙北极的景色

月24日，随着蒸汽轮机的一声长鸣，南森和他的同伴踏上了茫茫的征程。他们做好了充分的思想准备，计划在冰上漂泊5年。当他们到达新西伯利亚群岛以北大约北纬77°44′的地方时，进入了浮冰区。随着浮冰越来越多，南森的心情紧张起来，船体被浮冰推挤得左摇右摆。然而时间不长，船就被慢慢地抬升起来，最后完

挤压过来时，船将被冰的压力拱抬起来，而不是被压碎，冰块将载着船前进，因此船头、船尾和龙骨都设计成流线型，使船体很容易摆脱冰块的束缚。1893年6

⊙南森的船进入了浮冰区

全被冰层托起，南森紧张的心情才得以平复。由于船被冰背负前进，船员们无事可做，便过着打发时间的日子。然而好景不长，在冰层的挟持之下，船正在向相反的方向漂移，南森他们急得像热锅上的蚂蚁，毫无办法。几个月过去了，转眼第二年春天来临，船才开始向西北方向移动。南森想，这样下去浪费了不少时间，还走了冤枉路，如此被动是不可能漂到北极点的。于是，他决定破釜沉舟，准备离船登冰，徒步从冰面上向北极点进发。

⊙考察船行进在北极

1895 年 3 月 14 日，南森带了一个同伴与船告别，他们带了 28 条狗、3 架雪橇、2 条皮舟、1 顶帐篷和足够 3 个月的粮食和物品，向北进发。终于在 4 月 8 日到达了北纬 86°13′6″的地方，创造了人类征服北极的新纪录，成为当时最接近北

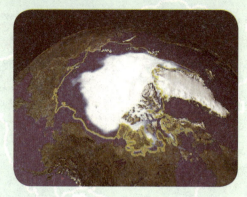

⊙俯瞰北极地区

极点的人。然而，由于天气渐暖，冰雪开始融化，无法继续前行，他们只好返回。不幸的是，他们在回返途中迷失了方向，虽然历经艰险，但只找到了一片岛屿。由于当时通信设备落后，他们彻底与大部队失去了联系。在这里，

他们只好靠打猎为生，顽强度日，在自己建造的一幢石屋里住了整整8个月，经历了残酷的严冬。1896年7月18日，一位英国极地探险家杰克逊来到这片岛屿，当他正在岛上考察时，眼前突然出现一个衣衫褴褛、头发又长又乱、两腮长满猪鬃似的胡子的"野人"，此人正是南森。南森和他的同伴终于因遇到英国探险队而获救。后来，南森的考察船也终于从冰层中挣脱出来，经过长达35个月的航行之后，安全地回到了挪威。在此期间，他们最北曾经漂流到北纬85°55′的地方，按照南

⊙冰雪中的北极熊

⊙南森眼中的因纽特人

森离船前的安排，他们沿途认真地完成了各项考察项目：每隔4小时就记录一次天气数据，隔一天进行一次天文观测。他们还测量了海水的温度、盐度、深度和洋流，从海底挖取样品，仔细测绘了船的航线等。南森和他的同伴们一起进行的北极探险终于以凯旋而宣告结束。

南森回到挪威以后，虽然在克里斯蒂安尼亚大学任动物学教授，但是他把主要精力放在地理学和海洋学上，于1908年转为海洋学教授。从1893年至1917年，南森一直致力于极地海洋学研究。南森还是一位享有盛誉的社会活动家，他积极参加挪威独立运动和许多国际活动，并于1922年获得了诺贝尔和平奖。

因纽特人的故事

在北极生活的因纽特人是北极地区的土著民族。他们自称因纽特人，创制了用拉丁字母和斯拉夫字母拼写的文字。主要以狩猎、捕鱼为生，住在自制的石屋、木屋或雪屋里，以北极犬和驯鹿为伴。据考证，因纽特人是从亚洲经过两次大迁徙进入到北极地区的，经历了4000多年的发展历史。

由于北极气候恶劣，环境严酷，因纽特人必须面对长达数月甚至半年的黑夜，抵御零下几十摄氏度的严寒和暴风雪。夏天，他们奔忙于汹涌澎湃的大海之中；冬季，则挣扎于漂移不定的浮冰之上。凭着智慧和勇敢用简单的工具去狩猎，除了捕鱼，他们还经常与鲸、北极熊、狼群等动物较量，一旦打不到猎物，全家人，甚至整个村落的人就会被饿死。因纽特人能生存繁衍到今天是很不容易的，他们无疑是世界上最顽强、最勇敢和最具有挑战精神的民族。

奥格把地槽学说推向新阶段

法国地质学家奥格，根据自己的观察和分析，对前人地槽沉积物的成因结论提出怀疑，表示地槽不是位于大陆的边缘，而是位于两个大陆之间；地槽沉积不仅包括浅水沉积，而且包括深水沉积，从而对地槽学说的发展以及地球演化史的研究做出了奠基性的贡献。奥格还是最早把地质构造与地层发育联系考虑的学者。

奥格 1861 年出生于法国德吕瑟内姆，1884 年获得斯特拉斯堡大学博士学位，之后又完成了博士后研究工作。1897 年迁居巴黎，在巴黎大学地质系任教。

19 世纪中期，美国学者霍尔和丹纳最早提出了地槽学说，他们主要是认为地槽沉积物是在大陆边缘的浅水中形成的。就在丹纳 1873 年发表大作提出地槽概念

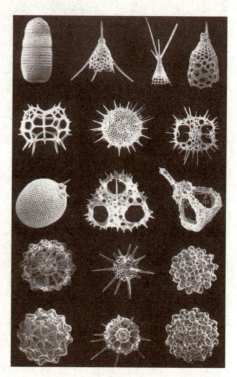

⊙形形色色的放射虫

的同时，1872—1874 年英国考察船"挑战者"号进行了环球大洋考察，他们从大洋深部海底打捞出放射虫软泥。这是一个重要的信息。

放射虫软泥是以放射虫遗骸为主所组成的硅质软泥，里面的放射虫含量通常超过 50%。放射虫属单细胞原生动

物，在海水中漂浮生活，一般为正常盐度的远洋生物。其中一些种类具有坚实的硬壳，可靠近海底生活，适合在不同的水深，甚至可以在4000米以下生存。

1875年，瑞士地质学家E.修斯经深入研究后指出，阿尔卑斯地槽沉积物中发现了侏罗纪的放射虫硅质岩，它们完全可以同现代深海沉积的放射虫软泥相对比。1897年，法国科学院院士贝特朗也发表了类似的看法。奥格深受启发，这说明地槽沉积物并非形成在大陆边缘的浅水域，为了慎

重起见，他进行了一系列沉积相的分析对比研究，于1900年和1907年分别发表《地槽和大陆块》和《地质学专论》两部极有分量的著述。

在两部著述中，奥格深入阐述了他的观点。首先，他赞同修斯与贝特朗的观点；其次，他提出了对地槽理论的新见解，把地槽和大陆块（陆台）区分开，提出前者是地球上构造运动频繁、接受沉积的地区，后者是地球上相对稳定的地区。他对丹纳等人所谓的地槽沉积物是浅水成因的

⊙阿尔卑斯山分布着放射虫硅质岩

⊙北美落基山曾是地槽沉积区

结论提出质疑，认为从阿尔卑斯山的位置推测，地槽的形成不是位于大陆的边缘，而是位于两个大陆之间；地槽沉积不仅包括浅水沉积，而且包括深水沉积（如含有放射虫软泥的硅质沉积）。他论证了地槽在沉积物堆积的同时就伴随有上升的作用，并把处于水下地槽内的上升地区叫作"地背斜"。他进一步分析，在原生地槽中，由于地背斜的出现而分出第二级次生地槽，即"地向斜"。他把包括地背斜和地向斜在内的地带称为"地槽系"，以区别于"大陆区"，把地球表层划分为地槽系和大陆区两大构造单元。

按照时代先后，奥格把地槽系分为古生代地槽系、中生代地槽系和第三纪地槽系，并在地图上明确予以标示。奥格认为，在地球发展历史中存在过五个大陆块，即北大西洋、中国—西伯利亚、非洲—巴西、澳大利亚—印度—马尔加什、太平洋。在各大陆块之间，则是具有深海性质的地槽系。他又借助古生物地理分布，论证了地史中曾经存在过的一些古陆块，指出太平洋古陆和北大西洋古陆现已沉入海底不复存在了。奥格有关地槽的一系列论述极大地丰富了大地构造理论，把前人提出的地槽学说推向新阶段。

特别是奥格认为由于地槽的广泛活动性，可引起海水的进退运动。他认为，地槽系内海水进退与褶皱作用有着密切关系，地槽系内的地背斜隆起引起旁侧大陆块的海进；相反，地向斜的沉降引起旁侧大陆块的海退。以后人们便称这一观点为"奥格法则"。根据奥格法则，地史时期发生过多次海进海退现象，每次海进或海退，都会引起生物界发生重要变化。

由于奥格对构造地质学的贡献，他受到了法国和国际地学界的尊重。1909 年他当选为圣彼得堡科学院通讯院士；1917 年他又当选为法国科学院院士。

⊙从地质断面看地槽型沉积物的形成

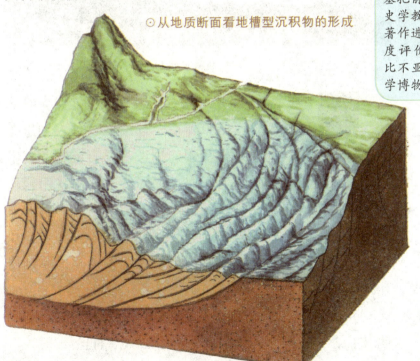

ZHEN GUI SHI LIAO
珍贵史料

经典教科书

奥格不仅在构造地质学上成就斐然，在地层学、古生物学上也有重要建树。奥格著作颇丰，为后人留下了宝贵的地质文献。1907—1911 年，他发表了两卷集《地质学专论》，进一步阐述了关于地槽系的理论。在他生命的最后 20 年，又完成了三卷巨著《地质学教程》，该书已成为地史学的经典教科书。苏联学者米兰诺夫斯基把前人撰写的旧地史学教程与奥格的新著作进行了比较，高度评价说："两者相比不亚于杂货店与科学博物馆之差别。"

揭开西域古城的面纱

古时西域泛指玉门关、阳关以西，甚至延绵到中亚、印度半岛等广大地区。楼兰是西域古国之一，是个充满了神秘色彩的名字。它曾经有过的辉煌，确定了它在世界文化史上的特殊地位，也吸引了许多探险家和科学工作者。但楼兰等一批西域古国的繁荣与消失至今还是个让人不断探索的课题。

全国重点文物保护单位

樓蘭故城遺址
ANCIENT CITY RUIN OF LOLAN

国务院 一九八八年二月 公布
新疆维吾尔自治区文物事业管理局立
1997年10月

⊙楼兰故城遗址

楼兰属西域三十六国之一，这座丝绸之路上的重镇在辉煌了1500年后，逐渐没有了人烟，在历史舞台上无声无息地消失了。据考古学家证实：塔里木盆地人类活动已有1万年以上的历史。如果我们把遗弃在塔克拉玛干大沙漠中的古城一一标绘出来，就会惊奇地发现，历史上这里一度有过灿烂辉煌的文明。

楼兰古国的神秘面纱是由瑞典探险家斯文·赫定揭开的。

1865年，斯文·赫定诞生于瑞典的一个中产阶级家庭。他出生的年代，正是19世纪地理大发现振奋世界的时代。

西方的地学界，或者可以说整个科学界都把目光集中在他们认为文明没有到达的蛮荒之地，征服新大陆，征服南极、北极的探险队纷纷开拔，一支支船队驶出港湾，一系列新发现振奋人心……在这种背景下，斯文·赫定对未知世界的神往和对探险的迷恋是很自然的。

机缘来了，斯文·赫定 19 岁那年，有人投资俄国中亚的巴库油田，油田的一位工程师想为孩子聘请家教，斯文·赫定决定前往。他签订了一年的工作合同，合同期满后，他利用自己挣得的薪金作为路费，完成了南下纵贯波斯、中东的旅行，这是斯文·赫定第一次尝试探险旅行，他为陌生而又神奇的亚洲所深深吸引，也从此确定了终生事业的方向。

1900 年 3 月，斯文·赫定组织了一支探险队进入新疆，他的主要目的是探险消失的罗布泊。探险队沿着干枯的孔雀河前进，在穿越一处沙漠时发现他们的铁铲遗忘在了昨晚的宿营地中。斯文·赫定便让他的一位维吾尔族助手回去寻找。这位助手遇到了沙漠狂风，狂风过后，在原来沙丘的地方意外出现了比铁铲还贵重的东西……他马上回去告诉了斯文·赫定。斯文·赫定他们回来一看，令人难以置信的场景出现在眼前，那分明是一座半埋着的古城：有城墙，有街道，有房屋，甚至还有烽火台。斯文·赫定当时就想

⊙旷古的罗布泊

⊙斯文·赫定组织了一支探险队进入新疆

面纱。

发掘，但由于给养不足和缺水，难以在这里持续工作，遂决定来年再战。1901 年 3 月，斯文·赫定卷土重来，对这里的 13 个地点进行了系统的挖掘，发现了一座佛塔、三个殿堂以及带有希腊艺术文化的木雕建筑构件，此外还有钱币、书信、丝织品、粮食、陶器、写有汉字的纸片、竹简和毛笔等大批文物。斯文·赫定对这些发现非常兴奋，根据出土文书中"楼兰"的字样，斯文·赫定遂将此遗迹暂定为楼兰，为保险起见，他把文物带到德国鉴定。鉴定结果让全世界的人都睁大了眼睛，这座古城正是赫赫有名的古国楼兰，斯文·赫定揭开了她的神秘

随后，许多国家的探险队纷至沓来：1905 年美国的亨廷顿探险队；1906 年英国的斯坦因探险队；1908—1909 年日本的大谷光瑞探险队……经地理学家和考古工作者长期不懈的努力，使人看到了楼兰古国的本来面目。古城的确切地理位置是东经 89°55'，北纬 40°29'，占地面积为 108000 多平方米。城东、城西残留有城墙，高约 4 米，宽约 8 米。城墙用黄土夯筑，有运河从西北至东南斜贯全城，由此可知古城建筑及格局具有相当的规模。至于所发现的一座八角形的圆顶土坯佛塔，以及出土的大量汉文文书、木简等，则表明楼兰古国有着发达的文明。

楼兰古城终于被后人发现了，但又向科学家提出了挑战：繁华多年的楼兰为什么销声匿迹了呢？为什么绿洲会变成沙漠？黄沙为什么掩埋了城池呢？

1878 年，俄国探险家普尔热瓦尔斯基考察了罗布泊，他怀疑当时的中国地图上标出的罗布泊的位置有误，它不是在库鲁克塔格山南麓，而是在阿尔金山山麓。

他年轻时曾在罗布泊洗过澡,那时的罗布泊波光粼粼,野鸟成群,而今怎么却成了一片荒漠和盐泽呢?后来他恍然大悟,原来,罗布泊的位置移动了,这个移动性的湖泊,实际的位置在地图位置以南约2纬度的地方。

罗布泊怎么会游移呢?科学家们研究后认为,除了地壳活动的因素外,一个重要原因是河床中堆积了大量的泥沙。塔里木河和孔雀河中的泥沙汇聚在罗布泊的河口,日久天长,泥沙越积越多,淤塞了河道,塔里木河和孔雀河便另觅新道,流向低洼处,形成新湖。而旧湖在炎热的气候中逐渐蒸发,最终成为沙漠。水是楼兰城万物的生命之源,罗布泊湖水的北移,使楼兰城水源枯竭,树木枯死,于是居民逐渐离城而去,最后留下一座空城。在肆虐的沙漠风暴中,楼兰终于被沙丘湮没消失。

⊙成为一片废墟的交河故城,它的消失也和楼兰故城一样令人着迷

ZHEN GUI SHI LIAO

珍贵史料

探险家的光环

从1890年12月至1935年2月,斯文·赫定先后5次进入中国,考察了甘肃、青海、新疆和西藏等许多地区,曾数次攀登慕士塔格峰,也曾从西向东、从南向北穿越塔克拉玛干大沙漠;他还考察了塔里木河,完成了罗布泊探险;在西藏,他考察过神山冈仁波齐峰,发现了恒河的源头。1909年,他从亚洲返回斯德哥尔摩时,受到了隆重的欢迎。其实在1902年,他已经被推举为瑞典最后一个无冕贵族,并被认为是瑞典最重要的人物之一。

斯文·赫定发表了许多著作,其中有《穿越亚洲》(1898)、《西藏南部》(13卷,1917—1922)、《我的探险生涯》(1926)、《丝绸之路》(1938)等。这些著作不仅是他在亚洲探险生涯的总结,也是人文地理和科学探险的珍贵史料。此外,在探险途中,斯文·赫定用铅笔速写代替照相,竟然成就了一个极具个人特点的画家,他的一生留下了5000多幅画,这成为留给美术界的一批宝贵财富。

登上南极点的勇士们

在征服南极的过程中，人们并不满足于发现南极大陆，而是要确立地理意义上的南极，即南极点。1911年12月14日，挪威著名的极地探险家罗尔德·阿蒙森历尽艰险，勇往直前，终于成为人类历史上第一个登上南极点的人。而后，英国海军军官罗伯特·斯科特战胜重重困难也来到了南极点，但在返回途中遇难。

什么是南极点？我们假设两个人从地球上任意两个不同的地点出发，始终沿着一条经线向正南方向前进，那么相互间的距离就会越来越近，最终将会合在一个点上，这个点就是南极点，也是地理意义上的南极。在这个点上，无论朝哪个方向走，都是向北。所以在南极点，谁都不会"找不着北"。人们征服南极大陆后，必须找到南极点，这又是一

⊙各国纪念阿蒙森登上南极点的邮品

⊙阿蒙森和他的团队

项勇敢者的冒险。因为南极大陆全被冰雪所覆盖，气候恶劣，行进艰难。

1910年，挪威探险家阿蒙森精心策划组织了一次前所未有的重要的南极大陆探险。8月初，阿蒙森和他的同伴们乘船从挪威开启航程，目的是在南极登陆征服南极点。南极大陆腹地的南极点，海拔高度为3800米，那里是终年严寒的冰雪世界，雪层厚度达2000米，气候无常，即便是在夏季，平均气温也仅为−32℃，而冬季最冷的时候气温可下降至−78℃。但阿蒙森出发后却得知，英国海军军官斯科特也组织了一支南极探险队，也是以南极点为目标，早在两个月前就已踏上了征程。看来，谁能最先到达南极点，不仅取决于命运的惠顾，更是一场胜利与失败的争夺战，也是挑战生死极限的生命较量。

阿蒙森到达南极的罗斯冰架后，将船停靠在鲸湾，并在那里安营扎寨，研读资料，确定路线，训练和提高雪橇犬的技能和耐力，他进行了10个月的充分准备。先到的斯科特把大本营设立在麦克默多湾，与南极点之间的距离比阿蒙森营地要远约97千米，也积极备战等待向南极点进发的最佳时机。在双方均完成了所有的准备工作后，向南极点的冲刺开始了。在工具的选择上，阿蒙森用的是狗拉雪橇和踏滑雪板编队前进，而斯科特用的是西伯利亚小马拉雪橇，还配备了更先进的摩托雪橇。

南极洲是世界上地势最高的洲，平均海拔2350米，地形复杂。在向南极点挺进的过程中，尽管遇到许多高山、深谷、冰裂缝等险阻，但由于事先准备充分，加上天公作美，阿蒙森团队（4个同伴、52条狗）仍以每天30千米的速度前进。结果仅用不到两个月的时间，就于12月14日胜利抵达南极点。在测算出南极点的精确位置后，阿蒙森激动的心情难以平复，团员们互相拥抱，欢呼胜利，并把一面挪威国旗插在了南极点上。

斯科特却遇到了挫折，首先是摩托雪橇在冰冻条件下失灵了，只能用马拉雪橇前进，虽然历尽艰险也来到了南极点，但那是一个月以后的事了。更加悲壮的是，在回程途中，遭遇到极端恶劣的天气，斯科特和他的伙伴们先后冻伤并最终倒在了冰原上。1912年11月，人们找到了斯科特最后驻扎的帐篷，里面有三具尸体，

⊙南极大陆全被冰雪所覆盖，气候恶劣，行进艰难

⊙在南极的冰雪环境中，还生活着各种动植物

他们都安详地躺在睡袋里。在半埋的冰雪下发现了满载行李的雪橇，里面竟然还有18千克重的各种岩石和矿物标本！这是他们沿途采集的，一直拖到最后一站都舍不得丢下。他们不屈不挠和勇于为科学献身的精神感动了整个世界。

1957年，美国在南极点的冰盖上建立了一个永久性的考察基地，并以征服南极点的阿蒙森和随后而来的斯科特二人的名字，命名为"阿蒙森－斯科特考察站"，建有飞机跑道、无线电通信设备、地球物理监测站、大型计算机等，可以从事高空大气物理学、气象学、地球科学、冰川学和生物学等方面的研究。至今已经有世界各国的科学家、探险家3000多人到达过南极点。

时间轴 1912

魏格纳提出大陆漂移说

1912年1月6日，在德国法兰克福地质学会的讲堂上，一个年轻人正绘声绘色地作着题为《大陆与海洋的起源》的演讲，吸引不少人驻足聆听。这个年轻人并非地质学家或地理学家，而是气象学家魏格纳。他在此次演讲中提出了大陆漂移说，这在地质学界引起轩然大波，由此掀开了近代地质学发展的新篇章。

魏格纳从小就喜欢幻想和冒险，童年时喜欢读探险家的故事，后来迷上了天文和气象。26岁那年，他曾加入著名的丹麦探险队，到格陵兰岛从事极地气象和冰川考察，他要探索地球的奥秘。很快，他的论文就经常出现在学术刊物上。然而，让学术界为之震惊的，不是魏格纳在天文和气象学上的发现，而是在地质学方面的独特见解。

⊙勇敢的魏格纳

有一次，魏格纳卧病在床，他无聊地盯着墙上的地图，偶然发现南美洲的东海岸与非洲的西海岸的轮廓线凹凸有致，两边似乎是可以吻合起来的，就好像是把一块面饼掰成了两半。这是偶然的巧合吗？再仔细看，巴西海岸的大直角突出的部分和喀麦隆附近的非洲海岸线凹进的部分完全吻合，真是不可思议。这使他产生了丰富的联想并深深印在脑海里。后来，魏格纳在查阅资料时看到一个有价值的信息：在被大西洋隔开的非洲和美洲大陆上，发现过一些相同的陆生动物化石。这一发现启发了魏格纳，他兴奋不已，这表明，两块大陆很有可能是曾经连在一起的。是什么力量使它们成了现在分开的样子呢？

在几次的格陵兰岛考察中，岛上巨大的冰川以不易让人察觉的速度缓慢地运动，给了魏格纳新的触动。他想，我们脚下的陆地会不会也像巨大的冰川一样，能缓慢地移动呢？他把这一想法告诉了岳父、著名气象和气候学家柯本。年长的柯本奉劝魏格纳不要异想天开，并说这可是个巨大的科学命题，地质学家们都没有过类似的想法，从事气象学研究的人有什么资格提出这样的假说呢？

但魏格纳没有动摇，他开始利用业余时间搜集地质资料，查找海陆移动的证据。他的脑海中逐渐形成了一个大胆的假设：在距今3亿年前，地球上所有的大陆和岛屿都联结在一起，全世界实际上只有一块大陆。由于地壳的硅铝层比硅镁层轻，就像大冰山浮在水面上一样；又因为地球由西向东自转，南、北美洲相对非洲大陆是后退的，而印度和澳大利亚则向东漂移了，经过漫长时间的演化，这块原始大陆逐渐解体，形成了地球上现在的海陆分布格局。

大陆漂移了，证据是什么呢？

除了前人发现的古生物证据，魏格纳还研读了大西洋两岸的山系和地层资料，让这个地质门外汉感到振奋的是：北美洲纽芬兰一带的褶皱山系与欧洲北部的斯堪的纳维亚半岛的褶皱山系遥相呼应，这暗示了北美洲与欧洲以前曾经"亲密接触"；美国阿巴

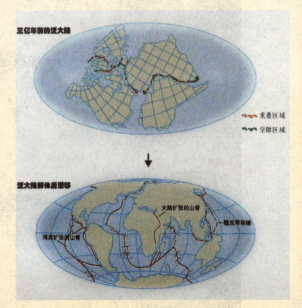

⊙在距今3亿年前，全世界实际上只有一块大陆

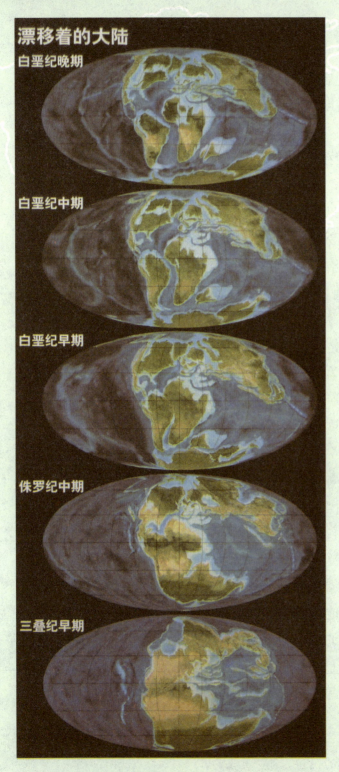

漂移着的大陆

白垩纪晚期

白垩纪中期

白垩纪早期

侏罗纪中期

三叠纪早期

⊙大陆漂移的过程

拉契亚山的褶皱带，其东北端没入大西洋，延至对岸，在英国西部和中欧一带复又出现；非洲西部的古老岩石分布区可以与巴西的古老岩石区相衔接，而且二者之间的岩石结构、构造也彼此吻合；而与非洲南端开普勒山脉的地层相对应的，是南美洲的阿根廷布宜诺斯艾利斯附近的山脉中的岩石，这一切不都是大陆漂移的证据吗？

踌躇满志的魏格纳终于在德国法兰克福地质学会上公布了自己的观点。4天后，也就是1912年1月10日，他又在马尔堡科学促进会上作了题为《大陆的水平位移》的讲演。在这次演讲会上，他明确为"大陆漂移说"举证。假说一经提出，就在地质学界引起轩然大波。有些地质学家支持魏格纳的理论，但相当多的人不承认这一新学说。他们认为这个假说涉及的问题太宏大了，如若成立，整个地球科学的理论就要重写。魏格纳陷入了孤立。

不久，第一次世界大战爆发，魏格纳应征入伍，他的科学研究被迫中断了。在他因病回家休养期间，仍然不忘大陆漂移说。魏格纳不顾医生和家人的反对，孜孜不倦地查阅和学习各种地质、地球物理资料，终于在1915年完成了他的名著《海陆的起源》。但在当时的环境下，这本书并没有在学术界引起足够的重视。魏格纳在一片反对声中曾经消沉过，但后来又两次去格陵兰等地考察，继续为他的理论搜集证据。不幸的是，1930年11月2日，在第4次考察格陵兰时，魏格纳遭到了暴风雪的袭击，葬身于茫茫雪原，当时他只有50岁。

魏格纳的不幸去世连同大陆漂移说一起销声匿迹了，然而，他追求真理、勇于探索和不惜献身的科学精神却永不磨灭。大陆漂移说的提出，激发了地质学界的思想大碰撞，固定论与活动论的交锋从来没有这样激烈过，而最终，顽固不化坚持固定论者不得不放弃了阵地。今天，大陆漂移与板块构造已成为地球人都知道的科学理论。

ZHEN GUI SHI LIAO 珍贵史料

向传统挑战

　　1915年，魏格纳出版了《海陆的起源》一书，在今天看来，这本书是里程碑式的著作，它是研究大地构造学的珍贵史料。魏格纳在书中提出了泛大陆的概念，并推断在距今3亿年前，地球上所有的大陆和岛屿都联结在一块儿，构成这个庞大的原始大陆，后来泛大陆逐渐解体，发生了大陆漂移。魏格纳在阐述大陆漂移时，努力恢复地球物理、地质学、气象学及古生物学之间的联系，敢于向传统观念提出质疑，全书洋溢着追求真理的决心和客观分析的睿智。

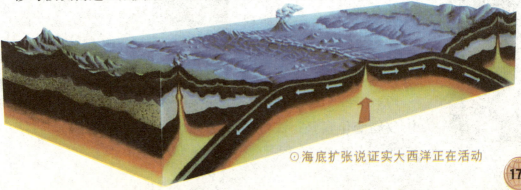

◎海底扩张说证实大西洋正在活动

丁文江和地质调查所

丁文江，地质学家、地质教育家，是中国地质事业的主要奠基人。他创办了中国第一个地质机构——中央地质调查所，领导了中国早期地质调查与科学研究工作。他对地层、古生物、地质构造、矿床都作了详细研究，还是一位探险家，常常追随古人徐霞客的旅行路线考察，足迹遍布祖国的大江南北。

时间轴
1913

丁文江1887年出生于江苏泰兴一个书香世家。他出生时正是清王朝没落、社会发生转型的年代。从闭关自守到对外开放，人们需要了解和学习西方先进的军事技术、经济管理知识和自然科学。丁文江15岁时就东渡日本留学。1904年夏，他由日本远渡重洋前往英国，1906年秋在剑桥大学学习，1907—1911年在格拉斯哥大学攻读动物学及地质学，获得双学士学位，是远洋留学人士中的成绩佼佼者。1911年5月离英回国。

当时的中国百废待兴，丁文江认为，要使中国强大须发展工业，而工业之本是掌握地质资源、开发矿业。他决心发展中国的地质事业。他在上海南洋公学执教一年后，1913年应聘到北京，任北洋政府工商部矿政司的地质科科长，并开始在北方的山西等地考察。其后不久，他与章鸿钊等商议，创办了农商部地质研究所，这是有史以来中国创办的第一个地质机构。在当时的动荡年代，政局变化频繁，该机构

⊙位于北京市西城区兵马寺胡同的原中央地质调查所旧址

的隶属和名称也时常变化，如农商部地质研究所、工商部地质调查所等，后人统称之为中央地质调查所。

从名称上看，该机构似为研究机构，其实不然。因为若开展地质学研究需要有专门的人才，但当时的国情是没有专门的地质教育学校，也没有专门的地质人才。所以丁文江开始了他事业中的第一步，自己培养中国的首批地质矿业人才。最初的教学条件是艰苦的，他一面向北京大学借用原地质学门（系）的旧址及教学设备，一面延聘教师，其中包括在北大

⊙原中央地质调查所内的办公楼

适合教授地质的教师，同时登报招生。第一批录取的学生不足30人，他们中包括叶良辅、谢家荣、王竹泉、李捷、李学清、柳季辰、周赞衡、谭锡畴、朱庭祜等。这些人日后全部成为中国地质学和探矿行业的领军人物。

⊙丁文江（前排左二）与地质调查所部分同仁、所外人士在一起

丁文江对地质学科发展的关注和参与贯穿始终。他除了在专业领域认真做学问以外，还身体力行为地质学的发展提供了一套全新的典范，特别体现在对西方地质学的引进和相关学科建设所做的奠基性工作上。在中国地质事业初创时期，他充分利用自己在国外学习到的专业知识，积极培育人才，推动了中国新生代、地震、土壤、燃料等研究室的建立。他还领导和组织了全国性的地质踏勘，在很短的时间内把地质调查所建设成一个生机勃勃的教育和科研并重的专门机构，进而发展为学术界公认的中国地质学建立和发展的领导中心。著名学者

⊙沁园燃料研究室

胡适曾在 1922 年评论说："中国学科学的人，只有地质学者，在中国的科学史上可算得已经有了有价值的贡献。"为了加强学术交流并向国外展示中国的地质研究成果，1919 年丁文江组织出版了《地质汇报》和《地质专报》，主编了《中国古生物志》，还发起创建了中国地质学会。后来在华盛顿召开的第 16 届国际地质大会上，中国地质界提交了学术论文 8 篇，国外学术界非常惊异中国首次出席国际地质大会即有如此成就，对中国地质人才的迅速成长感到难以置信，而这一切都与丁文江的努力分不开。

1921 年，丁文江出任北票煤

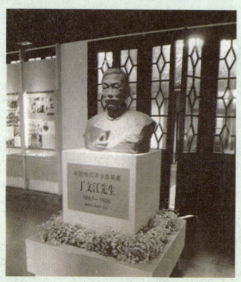

⊙丁文江故居里的纪念铜像

矿公司总经理，在矿产开发和实业建设上做出了重要贡献。由于在地质学领域的杰出贡献，从1930年起他被聘任为北京大学地质学教授，又由于出色的组织能力和管理水平，1934年他被聘任为中央研究院总干事。

然而，不管担任什么要职，丁文江始终把地质事业放在第一位。1936年，他在湖南某煤矿勘探时不幸一氧化碳中毒，1月5日在长沙逝世，年仅49岁。曾任北京大学校长、中央研究院院长的蔡元培当时曾无限惋惜地说："在君先生（丁文江字在君）是一位有办事才能的科学家，普通科学家未必长于办事，普通能办事的又未必精于科学；精于科学而又长于办事，如在君先生，实为我国现代稀有的人物。"

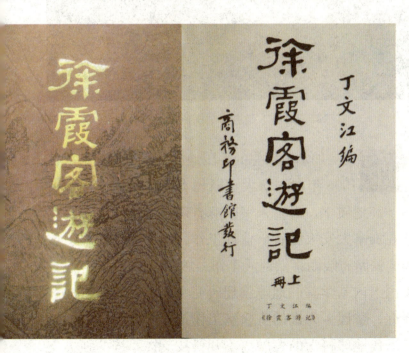

⊙丁文江编《徐霞客游记》

丁文江的学术思想

丁文江成年累月地在野外奔波劳碌，搜罗第一手材料，积极著书立说。他早年带领学生实地考察时，就倡导"登山必到峰顶，移动必须步行""近路不走走远路，平路不走走山路"的原则，为中国地质学者树立了实地调查采集的工作典范。

他的著作是珍贵的地质史料，著有：《徐霞客年谱》《芜湖以下扬子江流域地质报告》《中国官办矿业史略》《外资矿权史资料》以及与他人合著的《中华民国新地图》《中国分省新图》等，其中《中国分省新图》是中国第一本采用分层设色等高线表示地形的地图集，被称为中国现代地图的先驱。

鲍文反应序列的提出

"鲍文反应序列"是指岩浆向地表移动过程中，随着温度由高到低慢慢冷却、凝固，开始发生的一系列结晶过程和矿物的生成作用。以往，人们对这一过程的规律性没有认识，但鲍文通过多次实验和观察提出了火成岩及有关矿物的生成序次，为人类揭开了岩石生成的奥秘。

⊙石英（水晶）是岩浆结晶的最后产物

鲍文是加拿大出生的美国地质学家、岩石学家，1906 年在加拿大金斯顿女王大学攻读化学、矿物学和地质学，后转入美国麻省理工学院。他曾利用假期在加拿大安大略省矿业局工作，并为加拿大地质调查局的铁路布线勘察做地质工作。1910 —1911 年，他又在美国卡内基学院的地球物理研究室从事多种矿物的实验研究，掌握了先进的实验室工作技术并拥有丰富的经验。近代地球科学的发展离不开科技支撑系统的强力支持，鲍文恰恰是这方面的专家。

在鲍文之前，人们已经观察到岩浆冷凝后一系列矿物的形成，但却没有注意到它们的生成次序以及与温度的关系，人们往往注意的是结果，却不了解其过程。

从理论上讲，岩浆在深部冷凝的速度很慢，有足够的时间结晶。然而，岩浆不是单一的化合物，当温度逐渐下降时，熔点高的矿物先结晶，熔点低的矿物后结晶。

他把自己关在实验室里，认真比较和观测岩石样品，并进行详细的岩样分析和测试。在工作面前他常常废寝忘食，会想尽一切办法。他曾把富含橄榄石的玄武岩研成粉末，把它们加热到逐渐熔化，然后再缓慢冷却，模拟岩浆充分结晶和反应的过程，查看不同冷却温度下的矿物组合。在鲍文28岁那年，他通过实验证

⊙岩浆与成矿关系示意图

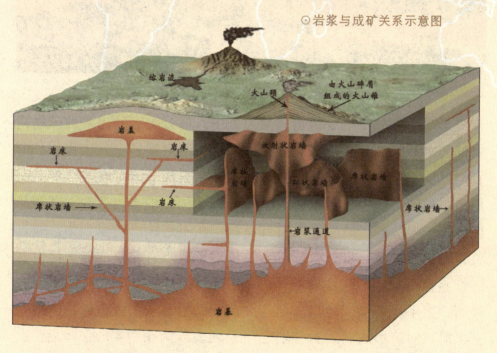

先结晶的矿物还会与剩余熔体发生化学反应，出现复杂的结晶过程。鲍文注意到这一点，希望通过实验室的测试了解这一过程，从而揭开火成岩的奥秘。

明了岩浆结晶分异的过程，并写出论文《火成岩石演化的晚期阶段》，从此确立了他的学术地位。

实验表明，富含橄榄石成分的玄武岩浆，通过结晶分异作用

⊙随着岩浆的冷却，一系列矿物开始形成

首先形成由橄榄石组成的超基性岩，其次形成由辉石与基性斜长石组成的基性岩——辉长岩，再形成由角闪石与中长石组成的中性岩——闪长岩，最后形成由石英、黑云母、白云母、钾长石与酸性斜长石组成的酸性岩——花岗岩。如果岩浆喷出地表，与这三个阶段对应形成的岩石分别是玄武岩、安山岩和流纹岩。

实际上，这种岩浆结晶分异过程，矿物是按两个系列结晶出来的，一是连续反应系列，另外一个是不连续反应系列。在连续反应系列中，部分先结晶出来的矿物同剩余岩浆之间还会发生作用，形成在化学成分上存在连续变化而内部结构无根本改变的一系列矿物。在不连续反应系列中，通过反应形成既有化学成分差异也有内部结构显著改变的一系列矿物，前一系列表现为浅色矿物，后一系列表现为暗色矿物。最后，上述两个系列又联合起来形成一个不连续的反应系列，依次结晶出钾长石、白云母和石英。后人把它们总称为"鲍文反应序列"。

这一反应序列在外行人看来

十分艰涩难懂，但它揭示了如下意义：

首先，确定矿物的结晶顺序：处于反应系列上部的矿物比下部的矿物早结晶。如橄榄石是最早结晶的矿物，而石英则是岩浆结晶的最后产物。其次，解释了火成岩中矿物共生组合的一般规律：由于两种反应系列存在着特殊关系，当岩浆冷却到一定温度时，必定同时结晶出一种浅色矿物和一种暗色矿物。最后，解释了火成岩多样性的原因，即同一种岩浆可以形成不同类型的岩浆岩等。这个反应序列还解释了火成岩中某些结构的生成及其特征，如斜长石的环带结构等。

后来，鲍文把全部精力都投入到火成岩的研究中，花了 16 年时间专攻硅酸盐系列。工作期间，他考察了与火成岩问题有关的标准产地，如南非的布什维尔德、东非的碱性熔岩区、北欧的橄榄岩区等，完成了大量的野外地质考察实践。1937—1947 年，鲍文被芝加哥大学聘请担任教授，成为公认的地质学家和岩石学家。

⊙鲍文反应序列：矿物是按两个系列结晶出来的

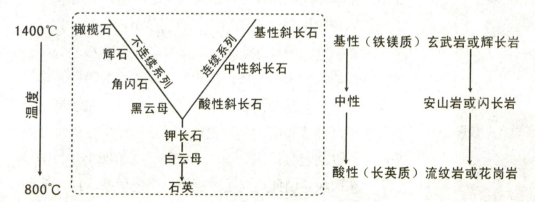

时间轴 1921

观天辨地的竺可桢

竺可桢，1890年出生于浙江上虞。中国著名地理学家、气象学家、教育家、近代地理学和气象学的奠基者。领导创建了中国第一个气象研究所和首批气象台站，以及大学中的第一个地学系，并在气候变迁、台风、季风、农业气候、自然区划及物候学方面有开拓性研究，是中国地理学和气象学界的一代宗师。

19 09年是中国人扬眉吐气的一年，这一年，由中国人设计建造的第一条铁路——京张铁路举行通车典礼。也就在这一年，竺可桢考入了唐山路矿学堂学习土木工程，他立志要为民族振兴、国家强盛而奋斗。由于学习成绩优异，次年，竺可桢成为留美公费生，进入伊利诺伊大学农学院学习。毕业后，即转入哈佛大学地学系。

在大学期间，竺可桢努力学习，先后发表了《中国之雨量及风暴说》《台风中心之若干新事实》等多篇论文，于1917年被接纳为美国地理学会会员，这在当时出国留学的人中是极为罕见的。1918年，竺可桢获得哈佛大学气象学博士学位，他怀揣一颗报国为民之心回到了祖国。

落后中国的贫穷现象历历在目，竺可桢决心从教育入手，培养中国的一代地学人才。他先受聘于武昌高等师范学校讲授地理和天文气象课，后来又到南京高等师范学校讲授气象学和地理学等。1920年冬天，他和一批志同道合的人在南京筹建东南大学，建议在南京师范学校地理系的基础上，设立包含地质、地理、矿物、气象四个学科的地学系，东南大学由此建立了中国第一个地学系，1921年竺可桢任系主任。按照竺可桢的设想，要尽快培养中国自己的地学人才，不受外强控制，查清本国自然条件和资源。在这一宗旨下，竺可桢把地学系办得蒸蒸日上，他致力于地学教学十载，造就了大批新人，为我国近现代地球科学发展奠定了基础。

1928年6月，南京国民政府成立中央研究院，下设8个研究所。应蔡元培院长之聘，竺可桢在南京北极阁筹建了气象研究所，并任所长。当时，中国的气象机构小而零散，无所作为；设在上海、青岛以及沿海、沿江口岸的气象台或测报点都由外国势力所把持。竺可桢立志改变这种状况，一心

要建立和发展中国自己的气象事业。在筹建气象研究所时竺可桢倾注了极大的热情，对所址选定、建筑布局、道路及引水工程，仪器设备和图书购置等都亲自调研、精心筹划。北极阁气象台建成后竺可桢即领导开展地面和高空观测、天气预报和气象广播等业务，推动全国气象台站建设，培训了大量气象人才，还带头开拓气象学理论研究，从1929年起屡次被选为中国气象学会会长。

1936年，竺可桢出任浙江大学校长（仍兼气象研究所所长）。至中华人民共和国成立前夕，他

⊙发展中的我国气象观测事业

⊙建于南京北极阁的气象观测台

一面领导全国的气象工作，一面锐意发展浙江大学，在校内开展科学研究，提高学术与教学水平，使浙江大学声誉大增。1944 年英国学者李约瑟访问浙江大学后，称浙江大学可与剑桥大学、哈佛大学媲美，赞为"东方剑桥"。

中华人民共和国成立以后，竺可桢担任中国科学院副院长，并一直任中国地理学会理事长，亲自主持筹建了中国科学院地理研究所。他领导或指导了历次地理学研究规划、综合考察、自然区划、编纂国家大地图集等工作；多次去黄河中游考察水土流失情况；去海南岛和西双版纳考察橡胶种植环境及热带资源开发利用情况；去黑龙江流域考察水资源的开发和利用。他还不顾年事已高，登上海拔 4000 米的阿坝高原考察雅砻江大峡谷。作为地理学家，他的足迹遍布祖国的大江南北、黄河两岸，最后一次到河西走廊考察时已是 76 岁高龄。

气象学和地理学，一上一下，一天一地，并不是所有人都能同时在这两个领域获得巨大成就的。竺可桢不仅观天辨地、耕耘科学，而且倾注了他的毕生精力，为国家强盛和科学繁荣奋斗不息。

竺可桢的学术思想

竺可桢一生勤奋笔耕，留下大批地理学、气象学著作，如《地理学通论》《中国气候区域论》《中国的亚热带》《东南季风与中国之雨量》《中国气候概论》《中国近五千年来气候变迁的初步研究》《物候学》等。后人为了研学他的学术思想，把他的文章和著述编辑成专辑，如《竺可桢文集》《竺可桢日记》等。

⊙我国已跻身世界气象大国，图为我国新一代的气象观测卫星

世界超大型矿床白云鄂博

中国是世界上唯一的稀土资源大国。1992年邓小平视察南方时曾说过：中东有石油，中国有稀土。一语道出了稀土资源的不可替代性和重大价值。2010年，国际稀土价格暴涨到8万美金一吨。稀土是一种什么性质的矿物呢？是谁发现的稀土宝地白云鄂博？白云鄂博又是怎样得到开发的呢？

1927年7月，中国－瑞典"西北科学考察团"在内蒙古进行地质考察，他们来到原绥远百灵庙附近（今包头市北约150千米），面前是几座黑灰色的山丘，并没有吸引人们的注意。但中方成员中有位年轻人执意登上山丘看个究竟，他就是刚刚大学毕业的丁道衡。在山顶，眼前是大片浑圆的黑色岩石，

⊙稀土矿的开采

它们看上去沉甸甸的，显得与众不同。丁道衡果断地认为岩石中含有高量的铁元素，后来，分析结果真的验证了他的发现，白云鄂博蕴藏铁矿的面纱就这样被丁道衡揭开了。八年后，青年学者何作霖在研究白云鄂博的矿物标本时，又有了更重要的发现，除了肯定铁矿以及萤石、重晶石外，他还确认了两种不起眼但从未见过的新矿物，

分别命名为白云矿和鄂博矿（后更正为氟碳锑矿和独居石），这是世界上首次发现的稀土矿物。何作霖后来毕生研究矿物学，成为著名的矿物学家。

中华人民共和国成立以后，要在内蒙古建设钢铁生产基地，白云鄂博矿山的地质勘探工作迅速开展起来。1958年中国科学院与苏联科学院组成联合考察队，研究白云鄂博矿的物质组成，何作霖被任命为中方队长，在他的领导下，经过几年的艰苦努力终于查明，这个矿山不仅仅是大型铁矿，而且还是世界上最大的稀土矿，稀土储量占世界总储量的80％。其矿物组成超过150种，可称世界之最。此外，这里还蕴藏着大量的钍、铌和钪等，是一个举世无双的超级聚宝盆。

从20世纪60年代起，国家大大加强了对白云鄂博研究的技术手段，当时引进了最先进的仪器设备，中国进口的第一台电子探针就用于白云鄂博的稀土研究。利用高端仪器，白云鄂博矿床中的许多首次发现的新矿物及一大批稀土铌钽矿物得以准确测定。在化学物相法和电子探针相继运用后，稀土铌钽物质成分的鉴定

⊙今日的百灵庙

⊙稀土对军事武器装备的价值不可估量

取得了突破性的进展。到目前为止，在白云鄂博主矿体陆续发现了160多种矿物、70多种元素，稀土矿的工业储量为3600万吨。

　　稀土（Rare Earth），根据意译可理解为"稀少的土"，其家族由17个元素组成，包括镧、铈、镨、钕等，其混合物外貌如土，但却是一类特殊的金属矿物。由于其具有优良的光电磁等物理特性，能与其他材料组成性能各异、品种繁多的新型材料，有工业"黄金"之称。

　　从海湾战争到伊拉克战争，美军精确制导武器的使用率从8%提高到68%，在导弹的相应部位加入稀土的磁性材料后，精确打击就成为可能。一般坦克的光学测距仪可视距离不超过2千米，但美军的一种M1A1坦克由于在激光测距仪上使用了稀土材料，便可以达到4千米的瞄准距离。目前，第三代稀土永磁材料用在先进战斗机的制造上，极大地加强了战机的操控能力。除了在军事方面，在冶金工业、石油化工、玻璃陶瓷等方面都体现了稀土的价值。在新材料方面，稀土被广泛应用于电子及航天工业，甚至在农业中，向田间作物施用微量的硝酸稀土，可使其产量增加 5%~10%。越是发达国家，对稀土的依赖性越强。日本是稀土的主要使用国，而美国把稀土作为许多重大武器系统的关键材料，几乎全部从中国进口。

以前，中国的稀土资源向海外低价流失现象很严重。由于过度开采、盲目竞争现象严重，稀土资源始终没有得到有效的保护和开发。目前已经采取了一系列有效措施，稀土资源将得到科学的管理，低价外流的局面也将从根本上扭转。从稀土发现的故事不难看出：科学研究不能满足于一时的发现，只要持之以恒，付出辛勤的汗水，必然结出丰硕的科学成果。同时，在科学成果的研发利用和知识产权保护方面，中国也有很长的路要走。

知识链接

超大型矿床

所谓超大型矿床，是指储量已超过大型矿床规定储量的数十倍，规模巨大。目前世界各国对不同矿种所划分的超大型矿床的储量界线不尽一致。我国提出了以大型矿床储量下限的 5 倍作为超大型矿床的储量下限，白云鄂博稀土矿就是典型的超大型矿床。一般认为，有利的地质构造条件、充分的矿质供应和多期成矿富集作用的叠加是超大型矿床的成因。

⊙稀土有工业"黄金"之称，许多工业原材料都离不开稀土

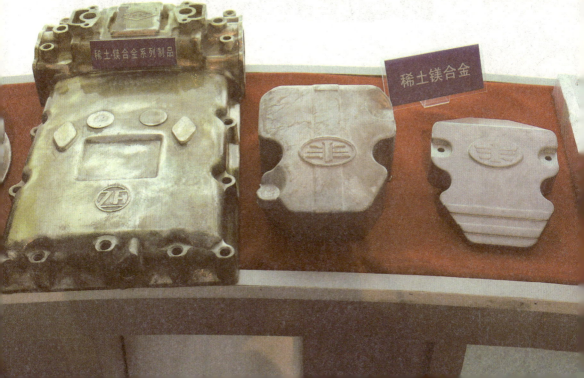
稀土镁合金系列制品　稀土镁合金

世界上最大油田的发现

石油是工业的血液，假如有一天我们没有了石油，我们的生活就会出现危机：汽车停驶了，飞机停飞了，交通中断了，工厂停产了……由于没有了能源，基本生活条件没有了保障，人类社会将陷入混乱和崩溃之中。你知道吗？石油往往与天然气共生，世界上最大的油田是在中东发现的。

⊙沙特阿拉伯的石油管道

石油和天然气都产在地下岩层中。但并不是所有的岩层都产石油和天然气，只有一部分岩层能够赋存油气，这些岩层基本上都属于沉积地层。地史时期，在浅海带以及大陆内部的湖泊里，由于气候湿热，植物和微生物大量生长和繁殖。后来随着地壳运动的发生，气候产生急剧变化，火山等地质灾害的频繁活动造成生物大量死亡。这些动植物被掩埋后，经历了长期的地质作用和温度升高的过程，在水和有机质的作用下，分解为烃类、甲烷、乙烷、丙烷以及硫、碳氢等，这些气态及液态物质越聚越多，达到一定的浓度后，运移到合适的构造环境中储藏，便成为石油和天然气资源。

地质学家们认为，石油的生成至少需要 200 万年的时间，在现今已发现的油藏中，时间最老的达 5 亿年之久。世界上最大的油田是沙特阿拉伯的加瓦尔油田。这个油田是 1948 年发现的，总面积 2300 平方千米，石油可采储量 112 亿吨，最高年产量曾达到 2.8 亿吨 (1981 年)。加瓦尔油田

代侏罗纪地层的石灰岩内。从地质构造上探明，这个油田是一个巨型的背斜构造，背斜构造就像隆起的帐篷，这个地下的巨型帐篷长 250 千米，宽 15 千米，是一个体积庞大的储积空间，1948—1957 年，先后在背斜的 6 个次一级构造上都钻探到石油，是一个财富源源不断的聚宝盆。

人们为了探明石油的分布，花费了大量人力、物力，但工夫没有白费。从总体上来看，石油在全世界的分布很不平均：约 3/4

○壮观的油田

位于波斯湾盆地，地质上属于阿拉伯地台东缘，这里沉积岩厚度达 5000 多米，石油主要产在中生

的石油资源集中于东半球，西半球只占 1/4；从南北半球来看，石油资源主要集中于北半球，南半

球分布很少。另外，油气资源主要集中在北纬20°~40°和50°~70°两个纬度带内。波斯湾及墨西哥湾两大油区和北非油田都在北纬20°~40°内，该带集中了世界上51.3%的石油储量；50°~70°纬度带内有著名的北海油田、俄罗斯伏尔加及西伯利亚油田和阿拉斯加湾油区。约有80%可以开采的石油储藏位于中东波斯湾，其中62.5%位于沙特阿拉伯、阿拉伯联合酋长国、伊拉克、卡塔尔和科威特。

从寻找石油到利用石油，要迈出四大步，即石油勘探、油田开发、油气输送和石油炼制。其中第一步最重要，如果勘探失败或勘探的结果低于预期，后面几步也将难以跨出。石油勘探有许多方法，但地下

⊙图为井架与套管。人们为了寻找石油，花费了大量人力、物力

是否有油，最终要由钻井来揭示。可以说，一个国家在钻井技术上的进步程度，往往代表了这个国家石油工业的发展状况。在中东这些国家，其本身的科学技术手段就是落后的，往往要求助于西方发达国家，因此，国际石油市场的变化也容易受到西方国家的控制。

目前，全世界已发现并开发油田共41000个（气田约26000个），石油总储量约1368.7亿吨，主要分布在160个大型盆地中。人们把可采储量超过6.85亿吨的称为超大型油田，全世界目前有42个，除最大的沙特阿拉伯的加瓦尔油田外，世界第二大油田是科威特的大布尔干油田，原始可采储量99.1亿吨，年产7000万吨。世界第三大油田是委内瑞拉的玻利瓦尔油田，原始可采储量为52亿吨，年产量100万桶。世界上最大的海上油田是沙特阿拉伯的萨瓦尼亚油田，原始可采储量约33.2亿吨。而大庆油田的石油地质储量为56.7亿吨，是20世纪中国最大的油田。

知识链接

化石能源的利与弊

不论是石油、天然气还是煤，它们都是生物成因的能源，也称化石能源。目前，化石能源是全球消耗的最主要的能源，随着不断的开采，化石能源枯竭是不可避免的，在21世纪内它们将被开采殆尽。由于化石能源在使用过程中会新增大量温室气体——二氧化碳，同时还会产生一些有污染的气体，威胁全球生态环境，因此开发清洁的可再生能源是今后发展的方向。

⊙海上的钻井平台

探测马里亚纳海沟

马里亚纳海沟位于西太平洋马里亚纳群岛东侧，全长 2550 千米，平均宽度 70 千米，大部分水深都在 8000 米以上。最深处在斐查兹海渊，测得深度 11033 米，是地球的最深点。这条海沟的形成据估计已有 6000 万年，是太平洋西部洋底一系列海沟的组成部分。

在人们认知地球的过程中，海洋几乎是一个盲区。在 19 世纪，人们的足迹已经到达了南极和北极，也知道世界最高的地方在喜马拉雅山，并征服了许多海拔 7000 米以上的山峰，但是对于海洋，人们却充满了敬畏。海洋深不可测，最深的地方在哪儿，到底有多深？那里是什么样的环境，有没有生命存在？人们不得而知。

伴随 19 世纪末新的科学技术的应用，人们必须了解海洋，例如海底电缆的架设等，需要人们对深海海床的地形与特质有准确的认知。此外，一些新的科学信息使人意识到怀疑深海中没有生命的看法可能是错误的。按照生物进化理论，特别是《物种起源》所提出的生物演化过程，深海中应该有更多不为人知的生物。

进入 20 世纪，人们信心满满地把目光投向了深海。根据地质学家和地球物理学家的观测和推断，认为太平洋西部海底有一系列的深海沟，那里是海洋中最深的地方，因此它就成了探测深海奥秘的突破口。

英国"挑战者"号科学考察船在 1872 年开始世界上第一次环球海洋考察后，已经积累了丰富的经验。1951 年，他们再次来到马里亚纳，进行海沟的深度测量，以回波定位方式于北纬 11° 19′，东经 142° 15′ 进行测深，得到 10900 米的深度值。此方式是以探针通过深度变化反复发送声波，再以耳机捕捉回波，并将回波器的速率以手持码表计时完成。考虑到存在误差，因此采集最深距离数据时，按照谨慎的做法，将所得每一深度值减去一个尺度（20 浔），最终得出 5940 浔（约 11000 米，1 浔 =1.852 米）的数据。尽管这个数据不太精确，但却是当时得到的一个最大深度值，修正了"挑战者"号以前测定的 8180 米的数值。根据这个深度值可以得知，假如把世界最高的珠穆朗玛峰放在沟底，峰顶将不能露出水面。

1960 年 1 月，美国海军用法国制造的"得里雅斯特"号深海

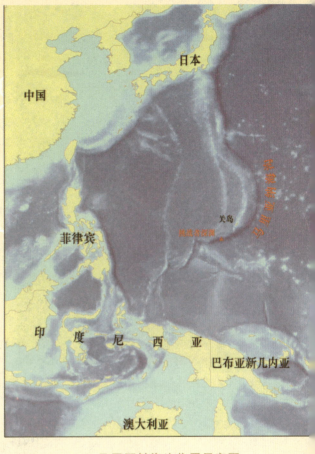

⊙ 马里亚纳海沟位置示意图

⊙ 深海探测仪器

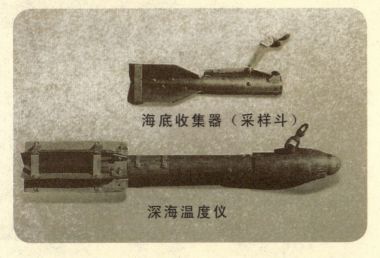

海底收集器（采样斗）

深海温度仪

探测器对马里亚纳海沟进行新的探测，由科研人员乘坐"得里雅斯特"号下潜，这也是人类首次下潜马里亚纳海沟底进行科学

⊙人们要对深海海床的地形与特质有准确的认知

管温度极低、光线全无，但也时常会出现一些游动的点点"灯火"，那是形形色色、光怪陆离的海洋发光生物。它们款款游动，忽明忽灭，发出橙、红、黄、绿、蓝、紫等各种颜色的微光，仿佛是一个个移动的灯笼，给黑暗的海底世界带来了光明和生命的律动。这些生物包括原生动物、腔肠动物、蠕虫类、环节动物、甲壳动

⊙深海探测令人神往

考察。由于海沟底部有高达1100个大气压的巨大水压，这对人类是一个挑战。在9小时的探测中，科研人员只在洋底停留了约20分钟，并测出下潜的深度为10916米。令人兴奋的是，在这样深的海底，科研人员发现了鱼类和虾类在游动，这说明大洋深处有高级生物存活。

从那以后，有更多的人前去马里亚纳海沟探险，也有了更多的新发现。在万米海洋深处，尽

⊙褶胸鱼（*Hatchetfish*），一种奇特的深海鱼类

中国的"蛟龙"号

2012 年 6 月，中国完成了首次对马里亚纳海沟的深海探测。中国使用的是自己设计并制造的深海探测器"蛟龙"号。此次探测共完成了 6 次下潜，下潜深度分别为 6671 米、6965 米、6963 米、7020 米、7062 米和 7035 米，每次下潜都按预定计划和任务开展。中国已成为包括英国、俄罗斯、美国、法国和日本等少数在马里亚纳海沟完成深海探测的国家之一。

物、软体动物、棘皮动物以及鱼类。其中很多是人类不曾见过的新物种。

马里亚纳海沟是怎样形成的呢？按照现代地质学的最新理论，海洋板块与大陆板块相互碰撞，因海洋板块岩石密度大，位置低，便俯冲插入大陆板块之下，进入地幔后逐渐熔化而消失。在发生碰撞的地方会形成海沟，在靠近

⊙马里亚纳海沟上的海面景色

大陆一侧常形成岛弧和海岸山脉。这些地方都是地质活动强烈的区域，经常出现火山爆发和地震。而马里亚纳海沟的位置正是太平洋板块和菲律宾海板块间的俯冲会聚边界，太平洋板块向西俯冲到菲律宾海板块之下，形成了深深的海沟。而菲律宾海板块的陆上部分，是火山和地震的重灾区，这里经常出现地震，火山活动也十分猖獗。马荣火山是菲律宾最著名的火山，有30次以上的喷发记录。

世界最深的大洋

据史料记载，人们已经发现并探测了世界海洋十大深渊，其中3个分布在马里亚纳海沟内，包括最深的斐查兹深渊（苏联"斐查兹"号海洋考察船1957年发现）。另有3个分布在菲律宾海沟，其余4个也都分布在太平洋，它们的深度全都超过了1万米，因此太平洋成为世界上最深的大洋。

⊙马荣火山远景

时间轴 1959

非同寻常的东非大裂谷

东非大裂谷是世界陆地上的最大断裂带，当乘飞机越过浩瀚的印度洋，进入东非大陆的赤道上空时，从舷窗向下俯瞰，一条硕大无比的"刀痕"立刻呈现在眼前，让人不由得产生惊异而神奇的感觉。早在20世纪30年代，这里就已引起科学家的关注，但吸引科学家目光的不是裂谷本身，而是其中的古人类化石。

人类起源问题，一直是科学界关注的热点。在人类起源从欧洲说转入亚洲说后，仍然没有得到人们的认可。"北京人"化石的失踪，更使人类起源亚洲说雪上加霜。正当人们左右徘徊时，东非发现了古人类化石，这为解决有关人类起源的所有问题提供了新的契机。从1931年起，英国考古学家路易斯·利基就在东非大裂谷一个名叫奥尔杜威峡谷的地方进行发掘，找到了一些非常原始的石器。它们是用河卵石或砾石简单打制而成的，年代是更新世早期。既然有工具，必然有它的主人。利基夫妇抱着必胜的信念在这里搜索了20多年，1959年7月，他们终于发现了一

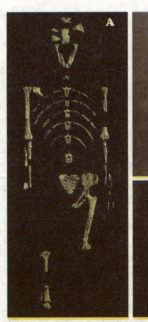

⊙"露西少女"（A. 骨架遗骸；B. 装好的骨架；C. 复原图）

⊙东非大裂谷的地理位置

具古人类头骨化石，定名"鲍氏南猿"，一般称其为"东非人"，通过种种测年分析得出他的生存年代为距今170万年。

这是一个具有里程碑意义的发现。从那以后，东非吸引了全世界古人类学家和考古人员的关注，也有了后来一系列的重要发现。在非洲有不下20个地点发现了最早阶段的人类化石。仅20世纪60—70年代，就有许多激动人心的发现，其中1974年由美国古人类学家约翰逊领导的发掘最为著名：他们在埃塞俄比亚的阿法地区发现了一具保存40%遗骸的骨架，被称为"露西少女"，其生存年代超过300万年，以后被定名为"阿法南猿"。在阿法地区还发现了一处埋有13个阿法南猿个体的骨骸群，它提供了早期人类群居的证据，为此有人将其称为人类的"第一家庭"。人类起源非洲说逐渐明朗。

然而，东非大裂谷的非同寻常还在于它的地质成因。地质学家一直探究这个神奇的地方是怎么形成的。在20世纪60年代板块构造理论提出后，人们重新审

⊙著名的塞伦盖蒂草原，位于东非大裂谷南部

没。在接下来的3周时间里，这个地方发生了160次地震，形成一个宽25英尺（7.62米）、长约0.34英里（约547.18米）的大裂缝。英国利兹大学的地球物理学家用卫星雷达数据将这一裂缝的形成过程准确地拼合起来，认为当非洲和阿拉伯构造板块向两侧漂移时，两个板块之间的地壳会变弱，并会产生裂缝。根据分析得到的数据，他们认为在未来100万年左右，裂缝将继续扩大，届时非洲之角将与非洲大陆完全脱离，形成地球上第八大洲——东非洲。这种地质过程始终都在发生，不过，地面裂开通常只发生在海底，人们很难看到。但是在非洲，这一现象被人类观测到了，英国科学家们说：这是人类首次利用现代仪器直接观察这一极其重要的地质过程。

这一发现轰动了整个科学界。

视这个过去被称为地堑的地方，按照板块构造理论，这里是陆块分离的地方，即非洲东部正好处于地幔物质上升流动强烈的地带。在上升流作用下，东非地壳抬升形成高原，上升流向两侧相反方向的分散作用使地壳脆弱部分张裂、断陷发育为裂谷。张裂的平均速度为每年2～4厘米，这一作用至今一直持续不断地进行着，裂谷带还在不断地向两侧扩展。由于这里是地壳运动活跃的地带，因而多火山多地震，或许人类的老祖宗并不知道他们一直栖息在一个危险的地带呢。

2005年9月，埃塞俄比亚北部某地的地面突然下沉了约10英尺（3.048米），并迅速向两侧裂开，塌陷的地方足以将十几头骆驼吞

2006年，来自英国、法国、意大利和美国的考察队纷纷来到东非。经过分析和研究，科学家们肯定一个新的大陆将会在100万年间形成，东非大裂谷将会比现在长10倍，非洲南部的好望角将彻底从非洲大陆上分离出去。

但是现在人们到东非，看到的还是一片祥和的景象：远处茂密的原始森林覆盖着连绵的群峰，山坡上长满了盛开着紫红色、淡黄色花朵的多肉植物；近处草原广袤，翠绿的灌木丛散落其间，野草青青，花香阵阵。这里的湖泊水色湛蓝，辽阔浩荡，千变万化。不仅是旅游观光的胜地，而且湖区水量丰富，湖滨土地肥沃，植被茂盛，成为大象、河马、非洲狮、犀牛、斑马、角马、狐狼、火烈鸟、秃鹫等的栖息地。坦桑尼亚、肯尼亚等国政府，已将这些地方辟为野生动物园或野生动物自然保护区。如位于肯尼亚的著名纳库鲁湖，是一个鸟类资源无比丰富的湖泊，共有鸟类400多种。每年春夏期间，有5万多只火烈鸟聚集在湖区，最多时可达到15万多只。当成千上万的火烈鸟在湖面上飞翔、嬉戏或者在湖畔栖息时，远远望去，像一片片舞动的红霞，极为壮观。

珍贵史料
ZHEN GUI SHI LIAO

攀西大裂谷探秘

亚洲也有狭长的裂谷。攀西大裂谷位于中国四川攀枝花至西昌一线，长300余千米，宽100多千米。据史料记载，古时从四川邛崃贩运毛铁的马帮经过攀西这一带时，人们总是感觉背负的东西沉重了许多，举步维艰，一旦走出这个区域会感觉轻松起来。其实，他们经过的是一座座磁铁山。现代研究证明，伴随攀西大裂谷的形成，这里聚集了以钒钛磁铁矿为主的多金属矿床带，同时还有其他有色金属和稀有金属矿种50余种，攀西大裂谷成为东亚地区的矿藏聚宝盆。

⊙ 5万多只火烈鸟聚集在湖区

从海底扩张到板块构造

大陆漂移说引发了地质学的一场革命，人们意识到必须摈弃传统的思维方式，重新描述地球的演化和运动方式。从20世纪60年代起，围绕大陆漂移机制问题，开始了从海底扩张到板块构造的求证阶段，最终使板块构造学说能够较为圆满地解释已知的地质现象，成为当代地质学的主流研究方向。

魏格纳提出的大陆漂移理论由于证据不足，遭遇一片质疑之声，所以沉寂了很长一段时间。多年后，地球物理学家通过古地磁调查有了重要发现：英格兰从三叠纪到现在发生了34°的顺时针旋转。这一发现复活了曾经休眠的大陆漂移学说。

在承认大陆漂移后，科学家们开始寻求大地构造运动机制，

⊙见证喜马拉雅海陆变迁的鱼龙化石

探寻是什么巨大的力量造成了大陆的移动。美国学者罗伯特·迪茨与哈里·赫斯先后提出了海底扩张假说，用以解释大陆漂移机制问题。按照他们的理论，大洋中脊是地幔对流上升的地方，地幔物质不断从这里涌出，冷却固结成新的大洋地壳，以后涌出的热流又把先前形成的大洋壳向

◎喜马拉雅山地区过去曾经是茫茫沧海

外推挤，以一定的速度向两旁扩展，不断为大洋壳增添新的物质，这一过程就是海底扩张。

赫斯认为，在海底扩张过程中，古老的海底地壳会沉入深深的沟壑（即海沟）中，然后被吸入地幔。因此，地壳就像是在一个传送带上，凭借上升和下降对流产生的动力，日夜不停地来往于地幔和地球表面之间。赫斯是第一个完整描述地壳运动周期的科学家，传送带理论很好地回答了反对者对大陆漂移理论的种种责难。在此基础上，板块构造学说出世了。

这个学说认为地球的岩石圈不是简单均一的整体，而是由许多"补丁"拼接而成的。"补丁"之间的界限形成了地壳的生长边界、消亡边界以及造山带、地缝合线等一些构造带，每块"补丁"都是大的构造单元，这些构造单元叫作板块。全球的岩石圈分为亚欧板块、非洲板块、美洲板块、太平洋板块、印度洋板块和南极洲板块，共六大板块。除了太平洋板块几乎完全处于大洋中以外，其余五大板块都由大面积的陆地和海洋共同组成。每一个板块还可以划分出面积更小一些的次一

⌐⌐⌐ 生长边界（海岭、断层）　　　　　⌐⌐ 消亡边界（海沟、造山带）

⊙全球板块的分布和关系

级板块。

　　科学家们说，板块就像木块漂浮在水上一样，它们都漂浮在地幔的"软流层"之上。在漂浮中，板块与板块间难免会有接触和碰撞，因此，板块与板块之间的交界处，就成为比较"多事"的不稳定区，火山和地震往往就发生在这些交界的地带。那些陆地上的高大山系、海洋中的海岭及深渊，都是板块移动发生的彼此碰撞和张裂的结果。在板块张裂的地区，常常形成裂谷和海洋，如东非大裂谷、大西洋就是这样形成的。而在板块相撞和挤压的地区，常形成巨大的山脉，如喜马拉雅山就是板块活动的产物。

大洋板块与大陆板块相撞时，由于大洋板块密度大、位置较低，便俯冲到大陆板块的下面，这种拖拽往往导致深海沟的形成，成为浩瀚大洋中无底的深渊，如马里亚纳海沟。一些地球物理学家指出，太平洋西部的深海沟和岛弧链，就是太平洋板块与亚欧板块相撞形成的。当然，板块运动的时间过程是十分漫长的，而不是一蹴而就在短时间内完成的。

　　在板块构造理论提出之前，地槽学说曾占有统治地位，从海底扩张到板块构造理论，彻底颠覆了地槽学说，它使人们眼前一亮：原来地壳是可以这样运动的！在此之前，地球科学家只能以今论古：利用今天收集到的各种资料去解释地质历史时期发生的各种事件。但现在不同了，板块构造学说使地球科学家可以展望未来，预知几百万年甚至几千万年以后地球会是什么模样。有科学家预言，美国西部的洛杉矶和旧金山两个大都市，目前虽然距离遥远，但在6000万年之后，会由于圣安德列斯断层的移动而彼此接近，就像北京和天津的距离一样。也许我们看不到那一刻，但几千万年的缓慢演变过程是确实存在的，在浩瀚的地质时间里，这只不过是短暂的片刻。

ZHI SHI LIAN JIE
知识链接

年轻的喜马拉雅山

科学家曾在珠穆朗玛峰的地层中发现了大量生活在海洋中的动物化石，显而易见，这里过去曾经是茫茫沧海。但在大约3000万年以前，由于印度洋板块向北移动而与亚欧板块相撞，平坦的海底逐渐形成层层重叠、类似波浪的"推复体"，这在地质学上叫作"逆掩断层"，最后形成了隆起的山系。随着向北挤压的过程加剧，喜马拉雅山还在继续长高呢。

⊙海底扩张理论示意图

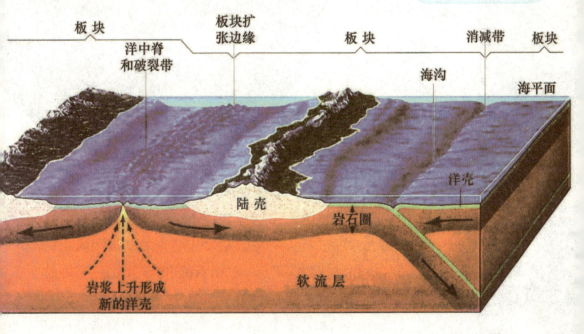

彩图科学史话
CAITU KEXUE SHIHUA >>>

开辟通向地球深部之路

上个世纪，在美苏两个超级大国的冷战时期，为了比美国更早地掌握地下深部蕴藏的丰富资源以及人类从未接触过的未知世界，苏联在科拉半岛某地用重型钻探机械设备，秘密进行了前所未有的深度挖掘。这是一条开辟通向地球深部之路的艰难旅程，最终，他们创造了12262米超深钻世界纪录。

如果我们撇开政治背景，站在科学高度来看，实施超深钻计划具有非常深远的意义，因为在此之前，人类还从未尝试过探测地球深部。苏联地学界为了实现这一目的，1962年成立专门机构实施超深钻研究计划。参与这项计划的科研、

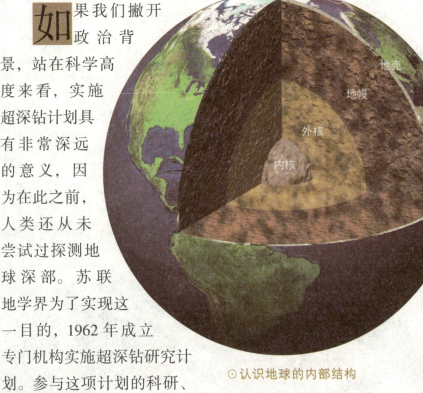

⊙认识地球的内部结构

地壳

地幔

外核

内核

生产和教学单位近百个，包括约200项任务，集中围绕三个重大课题进行：一是研究大陆地壳的结构和演化；二是寻找和发现超深矿床(包括石油和天然气)；三是设计和研制超深钻的技术方法。

勘探于1970年5月24日开始。钻井的位置选在科拉

半岛，现场成立了 16 个实验室对从地下提取的岩芯进行研究，由苏联地质部组织实施。

科拉半岛位于苏联西北端，半岛北面是巴伦支海，东、南面被白海包围，面积约 10 万平方千米，大部分处于北极圈内。苏联国土辽阔，之所以把超深钻定位在这里，是因为科拉半岛上地层古老，具有鲜明的地质意义。这里分布有前寒武纪的古老岩层，代表性岩石是黑云母片麻岩、辉石角闪岩等，通过测定，年龄为 27 亿年左右。

钻探开始时进展顺利，但随着深度加深，钻探过程变得复杂起来。因为随着向地心掘进，必须维持钻井的垂直度和稳定性。而且，在几千米的地下深处，所遭遇的岩层非常坚硬，即便是特殊材质的钻头也要经常更换，每向下钻探一米，都要付出沉重的代价。此外，地下深部的高温也是难以回避的。为了对付地壳深处的高温，负责科拉超深钻的地质工程师们根据有限的资源总结出制冷方法，研制出可在 8000℃~10000℃ 的超高温环境下工作的钻头和相应的提取设备。

时间一年一年地过去，科拉

⊙科拉半岛大部分位于北极圈内

超深钻也在一米一米地向地球深部挺进。这期间，科学家们取得了一系列重要发现。其中一项重大发现是大量氢沉积物，人们此前低估了地层深处存在这些氢沉积物。另一重要发现是探测到地下深部的黄金，当钻探深度达到9500米时，通过取出的岩芯进行缜密的分析和化验，表明金含量居然高达80克/吨。通常，含金量达到4克/吨的金矿层就具有商业开采价值了，地球表层中很少能找到含金量超过10克/吨的矿层。如此看来，超深钻所遇到的这个层位，几乎全是金子的宝藏了。在地球物理方面，也有许多新发现，其中之一是从钻井中传出了奇怪的声音。由于对这种奇怪的声响感到不解，研究人员向井中放入了话筒装置以及传感器，录下了这些非常奇特的声响。但是在现场的人们声称遇见了超自然现象，这些声音像成千上万人的哀号呼救声，甚至诈传超深钻有可能开启了"地狱之门"。

其实，这些奇怪的声音是地壳深处的高频声波，为了研究这些高频声波的特点，科学家们在钻井内距地面3050米处安装了一个灵敏度很高的磁力伸缩检波器。经过数年的不间断探测和记录，研究人员意外地发现，这些声波与当地一家冶金企业的采矿有关。

⊙ 钻探地球内部

此外，地下深处岩层自然的轻微活动也会使科拉钻井内出现微弱的高频声波，它们常常与我们在自然界听到的声音不同。

1984 年在莫斯科世界地质大会上，苏联对科拉深钻取得的成果进行公布，从此结束了其秘密钻进的历史。1991 年，井深达到 12262 米，这个深度是目前人类向地心挺进的最大深度，其后由于卡钻和钻具断裂等难以解决的技术问题而结束钻探。当然，苏联的解体、资金的匮乏也是项目不得不终止的原因之一。但无论如何，这是一项可载入史册的科学研究项目，科拉深钻是当今世界最深的超深孔，并成为世界上第一个深部实验室。这个最深的超深孔，俄罗斯科学家将其比作继太空空间站、深海勘探船之后的第三大科研成果。

ZHEN GUI SHI LIAO 珍贵史料

美国的超深钻

美国也实施过地球深部钻探计划，美国的深井是位于俄克拉荷马州的勃尔兹·罗杰斯一号井，井深 9583 米，1972 年 1 月 25 日开钻至 1974 年 5 月完钻。后来，埃克森－莫比尔公司 2007 年在俄罗斯库页岛打了一口深井 (Z-11)，钻进深度达到了 11282 米，这是深度上仅次于科拉深钻的第二深井。

⊙开辟通向地球深部之路

青藏高原上的追梦人

青藏高原是地球陆地上最高的地区。除了南极和北极，作为全球海拔最高的一个巨型地质构造单元，青藏高原被称为地球第三极。她独特的自然环境和地质地貌特点吸引着全世界的科学家、探险家和旅游者，他们倾心于这里的山山水水、一草一木，他们惊叹于大自然的神奇造化，他们是青藏高原上的追梦人。

青藏高原既有绵延不断的高山峻岭，又有坦荡开阔的河谷和巨大的盆地；既有一望无垠、生机盎然的草原，又有水草丰盛、万物滋润的湿地；既有高寒荒寂、人迹罕至的"太古洪荒"，又有四季温暖、稻谷飘香的"塞外江南"。正是这独特的气候特色和自然景观使青藏高原无愧为地球的第三极，从而造就了许多只有在青藏高原才能出现的世界之最：

海拔最高的高原——平均海拔 4000 米以上；

世界最高的山峰——珠穆朗玛峰（海拔 8844.43 米）；

世界最高的山脉——喜马拉雅山脉，平均海拔 6000 米；

世界最高的山峰聚集区——全世界共有 8000 米以上的高峰 14 座，其中有 10 座在青藏高原；

世界最高的大内陆湖——纳木错湖（湖面海拔 4718 米）；

世界上海拔最高的大河之一——雅鲁藏布江（全长 2900 千米）；

地球上最高的城市——拉萨（海拔 3700 米）。

中国的地球科学工作者得天独厚，能够利用便捷的条件深入研究世界第三极。从 1956 年起，国家科学发展

©川藏公路——通向青藏高原的天路

⊙世界最高的大内陆湖——纳木错湖

规划中就把青藏高原科学考察列为重点科研项目，仅在 20 世纪 50—60 年代，中国科学院就先后组织了四次综合科学考察，取得了一批重要的研究成果。但是，限于当时的条件，考察的地区和专业内容都比较受局限。1973 年，"中国科学院青藏高原综合科学考察队"正式组成，并开始了地质、地理、地球物理、生物、农林等多领域、大范围的综合科学考察。至 1977 年，全面完成了考察任务，获得了大量珍贵的科学资料。

科考队于 70—80 年代又对整个高原进行了比较全面的考察，积累了宝贵的科学资料，全面探讨了有关青藏高原形成和发展的若干理论问题，并结合经济建设的需要，对当地自然资源的开发利用和自然灾害的防治提出了科学依据。所涉及的地质学领域包括地壳深部结构，西藏地层、古生物，西藏沉积岩，岩浆活动与变质作用，花岗岩地球化学，第四纪地质，西藏地热，西藏地质构造，西藏冰川，西藏泥石流等。

人们可以把青藏高原的地质历史恢复到距今 4 亿—5 亿年前的

奥陶纪，其后青藏地区各部分曾有过不同程度的地壳升降，曾被海水淹没，后来又上升为陆地。到了2.8亿年前（地质年代的早二叠世），青藏高原曾是波涛汹涌的辽阔海洋。这片海域横贯现在亚欧大陆的南部地区，与北非、南欧、西亚和东南亚的海域沟通，称为"特提斯海"或"古地中海"。当时特提斯海地区气候温暖，成为海洋动植物发育繁盛的地域，科学家们在青藏高原发现了大量海洋生物化石。

　　约2.4亿年前，由于板块构造运动，印度洋板块以较快的速度向北移动、挤压，使北部发生了强烈的褶皱断裂和抬升，昆仑山和可可西里地区隆升为陆地。随着印度洋板块继续向北插入古洋壳下，特提斯海北部再次进入构造活跃期，喀喇昆仑山、唐古拉山、横断山脉等脱离了海浸；到了距今8000万年前，印度洋板块继续向北漂移，

⊙藏族是主要居住在青藏高原的我国少数民族

213

又一次引起了强烈的构造运动。冈底斯山、念青唐古拉山地区急剧上升，藏北地区和部分藏南地区也脱离海洋成为陆地，在此期间，喜马拉雅山系形成，造就了今天青藏高原的基本地貌格局。

中国对青藏高原的研究水平，吸引了来自世界各国的地质学家和全球各地的地质科研机构。20世纪80年代初，以宽角反射为基础的法国地震地质学家们与中国的同行合作，取得了地壳和上地幔构造演化方面的认识。美国地学界十分重视喜马拉雅山和青藏高原研究，在大陆动力学计划中把青藏高原的研究列为八大野外实验室之一。进入90年代，中美合作开展"国际喜马拉雅和青藏高原深剖面及综合研究"，取得了一批重要的研究成果。德国、英国、瑞士、加拿大、印度等国的地质学家们也多次来到青藏高原，各研究机构之间既合作又进行着激烈的科学竞争，从而深化了人们对喜马拉雅山和青藏高原的认识。

◎青藏高原上的追梦人

中国科学家对地球第三极的研究推动了全球地球科学的发展，他们是青藏高原的追梦人。进入新世纪后，青藏高原研究进一步深入，这里仍然是阐明岩石圈演化、造山机制、大陆动力学等重大理论问题，检验和发展板块构造学说，建立大陆动力学和地球系统科学新理论、新模式的关键地区和野外实验室，从而继续成为当代国际地学界研究的热点地区。

⊙青藏高原上神秘的南伽巴瓦峰

时间轴 1984

澄江动物群的发现

中国澄江动物群是20世纪末古生物学领域的重大发现，由于产自云南澄江帽天山地区，故命名为澄江动物群。它们是生活在距今5.3亿年寒武纪早期的古生物，保存精美，种类丰富，其重大科学意义还在于向达尔文进化论提出了挑战：在远古时期怎么会出现构造如此复杂、如此进步的生物种类呢？

按照达尔文的进化论，生物演化的路程十分漫长，时间越早，生命形式越简单，在五六亿年前的地球上不会出现什么高级生物。澄江动物群的发现让科学家们大跌眼镜，这里确确实实保存着这样的生物。它们虽然生活在几亿年前，但在生物演化序列中的位置并非低等，结构构造也不简单。随着标本的不断采掘，一批批出乎人们意料的、非常有价值的化石展现在世人面前。

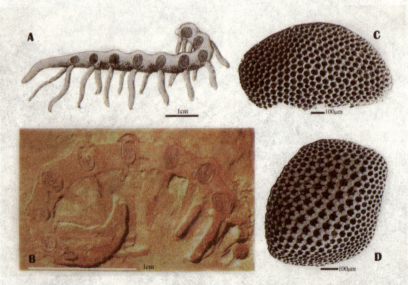

⊙结构复杂的微网虫（A.复原图；B.化石形态；C、D.类似复眼的网状骨板）

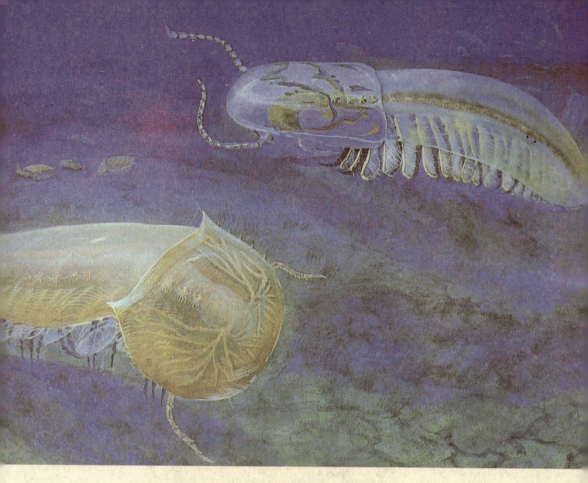

⊙在海洋中游动的娜罗虫

　　从 1984 年化石的最初发现起，来自 10 多个国家的 50 多位古生物学家对澄江动物群进行了 20 余年的不懈研究，确认这批化石包括海绵动物、腔肠动物、腕足动物、软体动物和节肢动物等。此外，还有很多鲜为人知的珍稀动物及形形色色的、超出现有动物分类体系的不知名种类，只能以发掘地来命名，如抚仙湖虫、帽天山虫、云南虫、昆明虫等。这批珍贵的化石被誉为"20 世纪最惊人的科学发现之一"。经过专业技工的耐心修复，那些灵活的触须、有力的螯钳、柔软的躯体、坚固的背甲等全部再现，一个个结构精细、栩栩如生的生物闪亮登场，现在，这 5 万余块化石标本已按照生物学的分类，归属于 40 余个门，130 多属，约 200 个种，人们是第一次看到它们保存完美的、靓丽的身影。

　　以往，人们以为寒武纪的生物种类很少，海洋里主要生活着

三叶虫等，一直以来，还片面地把寒武纪称作"三叶虫的世界"。而澄江动物群的出现打破了人们固有的认识，它的生物组成如此复杂多样，现今生存的各种动物，都能在澄江动物群找到其先驱代表。因此，一些古生物学家认为生物进化路径应该重写。

更让科学家们疑惑不解的是，虽然澄江动物群为研究生物的生理结构、生物习性、系统演化和生态环境等提供了极有价值的材料，但它却给科学界出了道大难题：它否定了达尔文的"生物界从简单进化到复杂、从低等演化到高等"的理论，在5亿多年前就一下子冒出这么多门类、结构这么进步的海洋无脊椎动物，如同出现了"生物大爆炸"，何以解释？

澄江生物群展示的"生物大爆炸"现象表明，寒武纪时现在生活在地球上的各个动物门类几乎都已存在，而且都处于一个非常原始的等级，只是在后来的演化中，各个不同类群才进入演化的固定模式。例如现在昆虫的头部体节数量都是一样的，而原始节肢动物头部体节的数量变化则相当大（从1节到7节）。

从形态学的观点来讲，寒武纪早期动物的演化要比今天快得多，新的构造模式或许能在"一夜间"产生，澄江生物群的生物种类多样化和分异度有力地证明了这一点。

而按照达尔文学说，生物进化的阶梯是生物种级水平演化慢慢积累的结果，依次达到属、科、目、纲和门级水平。但这并不意味着达尔文是不正确的，只是由于受当时科学条件的束缚，其进

○众多的帽天山虫

化理论显现了受局限的一面。自然选择很大程度上是一个稳定选择，这种选择有可能阻碍着演化。

无论如何，澄江动物群的发现给了科学家许多启示，为我们提供了一幅完整的最古老的海洋生态群落图。在此之前，我们对这种生态群落、食物链的认识几乎是一片空白。现在，我们不仅能知道在地球演化早期产生了哪些动物，还能初步了解当时生物的生活方式和习性，以及它们之间相互的关系等。而生物进化的模式，也会通过不断的认识被描绘得更加清晰。

珍贵史料
ZHEN GUI SHI LIAO

澄江动物群的荣誉

继 1991 年 4 月 23 日美国《纽约时报》报道"中国帽天山动物群的发现是本世纪最惊人的科学发现之一"后，1992 年 2 月入选联合国教科文组织《全球地质遗址预选名录》东亚优先甲等 A 级。2012 年 7 月 1 日，在俄罗斯圣彼得堡举行的世界遗产委员会第 36 届会议上，表决通过澄江化石产地正式列入《世界遗产名录》，成为中国第一个化石类世界遗产。

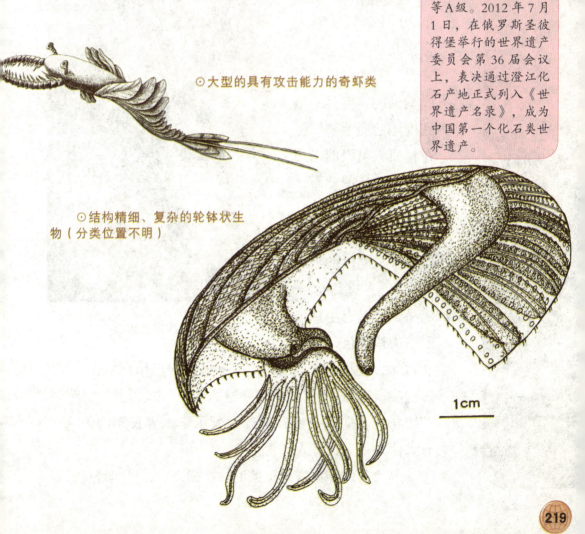

⊙大型的具有攻击能力的奇虾类

⊙结构精细、复杂的轮钵状生物（分类位置不明）

1cm

中华龙鸟的诞生

说起飞翔的恐龙，人们会想到翼龙，翼龙有像蝙蝠一样的肉盾翅膀，但只能从高处向低处滑翔。绝大多数恐龙的皮肤与犀牛、河马相似，没有毛，更不用说羽毛了，有了带羽毛的翅膀才能飞翔。然而，中华龙鸟的发现改变了人们的认识，这种带羽毛的生灵像鸟又像龙，具有飞翔能力，是恐龙向鸟类进化的最有力的证据。

那是 1996 年，正值第30届国际地质大会在北京召开。一位来自辽宁的农民把他收藏到的"宝贝"带到中国地质博物馆。在科研人员眼前出现了一块奇特的化石，它比鸽子略大，身上有毛，昂着头翘着尾巴，像只骄傲的公鸡在报晓。它的头很大，满嘴长着带有小锯齿般的尖锐牙齿，前肢非常短，尾巴却出奇地长，一副向前奔跑的姿态……经过初步研究，这个奇怪的动物被命名为"中华龙鸟"。但是，"中华龙鸟"的分类归属却引发了学术界长期的争论，有人认为是鸟，有人认为是龙。

从小巧的体型和全身披毛的特征来看，显然是鸟，只

⊙中华龙鸟化石

有鸟类才有羽毛。一些科学家认为中华龙鸟是一种原始的鸟类，应该归于鸟纲。实际上它可能是介于鸟类和恐龙之间的一种过渡性生物，它代表着鸟类真正的原始祖先。但另一些科学家认为，从总体形态及嘴中布满牙齿的特征来看，很显然它是一种爬行动物，类似一种小型的兽脚类恐龙，因此在分类上应归属于恐龙，而不是鸟。一时间，中华龙鸟引起全世界的瞩目。由于它产自中国辽宁，此后，大批的中外古生物学家、专业和非专业人员，纷纷到辽宁寻找带羽毛的恐龙。功夫不负有心人，十几年来，除中华龙鸟外，又先后发现许多不同的类型，分别被命名为孔子鸟、辽宁鸟、朝阳鸟等，中国辽宁产有带羽毛恐龙的消息传遍了全世界。

2009年9月，又一个重大发现吸引了全球的目光，在辽西侏罗纪地层（距今约1.6亿年）发现了一种新的长满羽毛的恐龙"赫

彩图科学史话

CAITU KEXUE SHIHUA >>>

⊙中生代晚期，辽西地区的生物物种数量空前

氏近鸟龙"，它比中华龙鸟的时代要早2000万—3000万年，较以往所知世界上最早的鸟类化石要早几百万年至1000万年。赫氏近鸟龙同时生有两种羽毛。一种被称作"恐龙绒毛"，长在它的头上和脖子上，看起来就像豪猪的刚毛。另一种则跟现代鸟类羽毛结构基本相似，有许多细毛从羽干上长出来。每个前肢上长有约24根羽干，小腿和脚部也生长着相似数量的羽毛，相互覆盖，毛茸茸的样子非常可爱。特别引人注目的是，可依稀看出它有四个

翅膀，真是个奇特、怪异的精灵。

科学界普遍认为，这次新发现的赫氏近鸟龙化石应该是目前世界上最早的长有羽毛的物种。它的四个翅膀支持了恐龙演化经历过"四翼阶段"的假说，对小型兽脚类恐龙的演变途径给出了新的解释。围绕赫氏近鸟龙的研究成果已形成鸟类起源研究的一个新的、国际性的重大突破。

在人们脑海中，恐龙似乎都是庞然大物，其实不然。恐龙家族中，既有像霸王龙那样的大个头，也有像胡氏贵州龙那样的小

222

家伙。这预示着恐龙在体型上有两极分化的演化趋势。哪一种体型更有利于环境适应和自我保护呢？白垩纪的环境巨变成了试金石。当时，小行星撞击地球引发了大范围的、持久性的生存环境恶化，身躯庞大的恐龙动作迟缓、行为笨拙，最容易受到伤害并死亡，而那些身材小巧的种类行动敏捷、反应迅速，反而容易逃跑或藏匿。在中生代末期，尽管恐龙家族的大多数成员灭绝了，但那些小个体、具备飞行能力的种类逃过了这一劫，飞翔，给恐龙带来了新生。

　　中华龙鸟及其后来的这些重大发现表明，鸟类和恐龙之间存在"亲缘"关系。结论是：恐龙灭绝了吗？没有。科学家们指出，地球上每次大的灭绝事件，虽然造成全球生物80%以上的物种灭绝，但少数生命力强或逃逸能力强的物种能够忍受极端恶劣的环境或逃离灾区而残存下来。适者生存，这可能从另一个侧面验证了达尔文生物进化理论的合理性。

ZHI SHI LIAN JIE

知识链接

曾经的天堂

　　中生代晚期，北半球气候湿润，辽西地区古木参天，一片茂盛，成了许多物种生息的天堂。但地质勘察发现，辽西的火山岩及火山碎屑沉积分布普遍，可见在地史时期，那里曾发生过多次火山喷发。喷发时的有毒气体，可在瞬间使林间成群的鸟儿窒息，并被埋藏形成化石。正是这一特殊的地质原因，使我们今天能够得到大量完整的鸟类化石。

⊙一些恐龙的体型向小型化演变

223

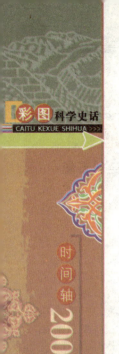

地磁倒转≠地球毁灭

2005年3月1日，印度媒体爆出一大惊人新闻：2012年，地球与太阳的磁极将同时颠倒。这个颠倒过程将在地球生物圈中引发一系列的灾难，零磁力危机将威胁地球。印度坚称，这是印度科学家们共同研究、并以计算机模拟而得出的结果。地球将要毁灭吗？这顿时在全世界引起了轩然大波……

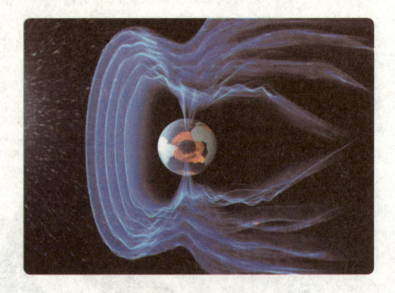

⊙地球磁场变化示意图

地球存在磁场，而磁场是有变化的。一些地球物理学家认为，受地球自转的影响，组成地核的液态铁镍物质会朝着某个方向做旋涡运动，越来越快，然后逐渐变慢，直至做短时间的停顿；此后又朝着反方向做旋涡运动，越来越快，再越来越慢，再停顿，然后恢复到原来的方向。由此影响到地球磁场发生变化，严重时甚至发生磁极倒转。

科学家们讨论倒转过程时，有人说磁场强度先减弱至零，再反向增强；也有人说两个磁极漂移，互换位置。但无论怎样，都与地核内的物质运动有关。地核的液态物质为什么交替运动方向？旋涡的速度为什么会改变？为什么又没有确定的时间规律？对于这些问题，现在还没有结论。

但是，地球磁场强度减弱的现象被观测到了，这可以被认为是磁极倒转的先兆。通过比较分析从人造卫星上获得的资料，科学家们发现确实存在着磁场弱化问题。通过长期对地球磁场进行跟踪观测，人们发现，与历史记录相比，过去150年间地球磁场的强度正在以很快的速度减弱。这一观测结果引起学术界的担忧，如果继续下去，地球磁场将会在1000年后完全消失。磁场的消失也就意味着地磁南北极正在倒转。

实际上，地球磁场倒转并不稀奇，在最近几百万年间，地球磁场至少发生了三次倒转。这些现象可以通过古地磁的记录得到证实。原来，在喷出地表的熔岩流里含有大量微小的矿物颗粒，它们是无数的指南针或小型磁铁，自由地指向当时的磁场。但当熔

⊙地磁磁场变化（上图磁场正常，下图磁场紊乱）

岩冷却，其中的"小指南针"就固定在原地，就算磁场改变，它们也不能再移动，专家们称之为古地磁。通过古地磁研究，科学家们得知地史时期发生过的磁场变化，这种变化大约每50万年倒转一次。如此看来，今后地球磁场发生倒转也不是什么新鲜事了。

假如今后地磁倒转了，对人类及其地球上的生物有影响吗？

人类的动物朋友时刻离不开地球磁场。海龟们在深海中完成数千千米的遨游上岸产卵，就是利用看不见的磁场信息来确定自己的方向和方位。蜜蜂、鸽子、大麻哈鱼、鲸、蝾螈和其他一些动物身上都存在这种依赖性，甚至低等的细菌也要靠地球的磁性完成生命活动。如果地球磁场消失或磁极倒转，洄游的鱼类和迁徙的鸟类就会失去方向。

地球磁场消失所造成的后果将不堪设想：地球失去了地磁保护伞，高能宇宙射线和太阳粒子将毁坏人造卫星，宇宙辐射还将扩大臭氧层空洞，而臭氧是保护地球免受紫外线侵害的。来自太阳的紫外线辐射会伤害地球上的所有生命，降低农作物产量，增加癌症发病率，导致皮肤癌和白

⊙宇宙辐射还将扩大臭氧层空洞

⊙失去磁场，鸟类迁徙会迷失方向

内障，对人类和其他动物造成毁灭性的打击。看来躲避灾难的方法只能是藏身在地层深处啦。

但人类大可不必为此担心，首先，地球的磁场会不会继续衰减下去还不确定。从地球物理观测数据来看，地磁场能量减弱的过程并不是持续稳定的，有些年份减弱的强度大，有些年份减弱的强度小，有些年份甚至出现略微回升的"反弹"。因此地磁场是否持续减弱，有待时间检验。虽然计算机可以用一些模型模拟磁场变化，但这不足以说明问题，简单地预测1000年或2000年后地磁会消失，是缺乏充足的科学依据的。

其次，在讨论地磁变化时会使用诸如"很快"之类的词。但科学上说的"很快"，有时候指的是千百万年，它是相对于更长的时间跨度而言的。就算地磁倒转"很快"将会发生，它仍然需要1000年或2000年的时间来完成。在这样漫长的时间里，人类肯定会发现地球磁场的变化规律并找到解决问题的办法。而上一次发生逆转时，人类的祖先刚刚脱离猿类，正学习直立行走呢。

21世纪的东日本大地震

没有什么事情能像东日本大地震那样让地球科学家们印象深刻。这是人类跨入21世纪以来遭遇的损失最惨重的地质灾害，它引发了海啸，造成大型核电站泄漏事故，致使地壳结构发生改变。它给全人类敲响了警钟：我们对地球的认识还要深化，我们必须主动掌控自己的命运，使明天的生活更美好。

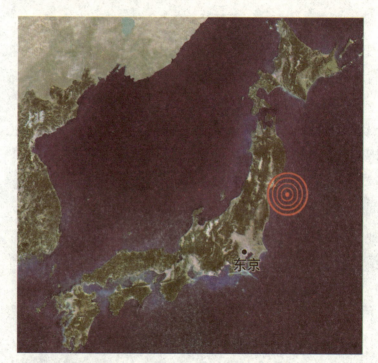

东京

◎红点表示2011年东日本大地震发生的位置

美国地质勘探局认为，此次发生在日本东海岸的大地震是由太平洋板块和北美板块的运动所致。太平洋板块在日本海沟俯冲入日本下方，并向西侵入亚欧板块。正是运动过程中的能量释放导致了此次大地震。日本气象厅认为此次地震是日本地震记录史上震级最高的一次，属于板块交界处发生的逆断层型地震。

地震发生在日本当地时间2011年3月11日正午14时46分23秒，震中位于仙台市以东太平洋海域约130千米处。按照日本气象厅震度计算方法计算，此次地震震级为8.8级，而美国地质调查局发布此次地震的规模为7.9级。之后数次将震级修正为8.1级、8.8级、8.9级，最后于3月13日上午与日本气象厅共同修正为9.0级。

地震发生当日地面发生晃动持续约6分钟，建筑物倒塌、起火、电线短路等造成至少15854人死亡、3155人失踪，伤者（轻、重伤）26992人；遭受破坏的房屋1168453栋；地震后仅30分钟，就有8米高的海啸到达陆地。引发的海啸几乎袭击了日本列岛太平洋沿岸的所有地区。东北地方人口最多的宫城县，县内沿海城市大多遭受海啸袭击，损失惨重。首府仙台市市区在海啸侵袭后造成严重水灾，多数居民被迫撤离。仙台机场跑道大部分被淹，只留下航塔大楼。首都东京因地震引

⊙震前的福岛核电站

起至少24宗火灾，包括东京电信中心大楼。这次地震成为日本二战后伤亡最惨重的自然灾害。

日本科学家称，这次地震引发的海啸海浪高度和受灾区域之广都是日本国内迄今为止最大的，属百年一遇的规模。俄罗斯、中国台湾、夏威夷、美国西海岸、墨西哥等国家和地区都不同程度地受到了海啸的冲击。

地质学家们认为，海啸规模如此之大有两个原因：一是地震本身规模大且震源浅；二是震源所在海域海岸地形特殊，放大了海啸的能量。日本科学家们震后评估：此次地震是日本自有地震

观测史以来震级最高的一次，其能量相当于里氏7.3级的阪神大地震的178倍，相当于中国汶川大地震的30倍。地震后最严重的影响，一是海啸，仙台新港等太平洋沿岸各地出现了10米高的大海啸，海啸造成重大人员伤亡；二是致使福岛核电站发生核泄漏事故，福岛核电站在地震中遭到整体破坏，难以复原再行运作。日本原子能安全保安院将本次事故升至国际核事件分级表中的第7级，这是最高级别。

东日本大地震对地球结构产生了影响。

地震使日本本州的海底出现

◎地震引发海啸

⊙地震发生后造成的巨大破坏

了一条宽约80千米的裂缝，而日本本州也因此向东移动了约2.4米。同时，日本部分地区因地面沉降，使海啸后的海水难以退去。意大利的地球物理与火山研究所经过观测得知：这场地震使地轴移动了10厘米。加拿大多伦多大学的地质学家则认为，地轴因地震移动了25厘米。美国国家航空航天局的地球物理学家们通过计算，认为这次地震使地球自转快了1.6微秒。日本东北大学一研究机构发现宫城县牡鹿半岛以外约175千米外的海床，在地震后向东南方向移动了约30米，而海上保安厅则发现牡鹿半岛外侧约130千米处的海床移动了约24米。

本次大地震前有一系列前震，包括3月9日的7.2级地震。但人们以为仅此而已，没有引起进一步的重视。假如采取积极的应对措施，就可以离开房屋，从海边平地、洼地走向高处，也就可能成功地躲过这场灾难。然而，历史不能重演。

2011年8月7日凌晨，日本政府宣布从2012年起把每年的3月11日定为"国家灾难防治日"。

ZHI SHI LIAN JIE
知识链接

震源与地震的关系

地震波发源的地方称为震源，震源在地面上的垂直投影为震中。震中到震源的深度叫作震源深度。通常将震源深度小于70千米的叫浅源地震，深度在70~300千米的叫中源地震，深度大于300千米的叫深源地震。破坏性地震一般是浅源地震。如1976年的唐山地震的震源深度为12千米。震中也有一定范围，称为震中区，震中区是地震破坏最强的地区。

大事年表

公元前 4800—前 4200 年　中国半坡人掌握制陶技术并认知矿物。

公元前约 1831 年　泰山地震，这是中国最早的地震记录，载于《竹书纪年》。

公元前 1217 年　中国殷代甲骨文记载雨、雪、雹、雷、雾等天气现象。

公元前 1046—前 206 年　中国湖北大冶开采铜矿。

公元前 500—前 300 年　中国战国时期著作《山海经》问世，记载有岩石矿物及地质现象。

公元前约 340 年　亚里士多德论证了地圆说。

公元前 256 年　中国建成大型水利工程都江堰。

公元前 240 年　埃拉托色尼成为第一个测量地球周长的人。

公元前 200 年起　中国尝试打通横贯亚洲的地理通道——丝绸之路。

79 年　意大利维苏威火山爆发，人类第一次观察和记录喷发过程。

90—168 年　托勒密名著《地理学指南》问世，提出地图投影法。

132 年　汉代张衡创制监测地震的仪器——候风地动仪。

268—271 年　西晋裴秀提出制图学理论"制图六体"，绘制成世界最早的地图。

1086—1093 年　宋代沈括著作《梦溪笔谈》问世，提出海陆变迁、流水侵蚀地形原理，揭示化石的形成。

1271—1295 年　意大利马可·波罗东游中国，归国后著有《马可·波罗游记》。

1405—1433 年　郑和七次下西洋，完成规模最大的航海活动。

1487 年　葡萄牙迪亚士发现非洲南端的好望角。

1492—1504 年　意大利哥伦布组织数次航海考察，成为地理大发现的先驱者。

1497 年　葡萄牙达·伽马航海到达印度。

1519—1522 年　麦哲伦完成了人类历史上的环球航行创举。

1530—1556 年　阿格里科拉研究矿藏的生成、矿物和岩石的关系等，出版《矿物学》。

1540 年　西班牙人发现科罗拉多大峡谷。

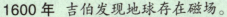

1600 年　吉伯发现地球存在磁场。

1642 年　《徐霞客游记》初次出版，是世界上最早论及岩溶地貌的著作。

1653 年　意大利北部建立世界上第一个气象观测站。

1687 年　牛顿提出引潮力的学说，首先得出关于海水对引潮力反应的理论。

1755 年　葡萄牙里斯本发生迄今欧洲最大的地震。

1763 年　俄国罗蒙诺索夫出版《论地层》，表述地表受内外营力作用的思想。

1768 年　英国库克船长开始南极探险之旅。

1791 年　德国维尔纳创立岩石成因的水成学派。

1795 年　英国赫顿的《地球的理论》问世，提出岩石成因的火成论。

1804 年　德国亚历山大·洪堡完成长达五年的美洲地质地理等多学科综合考察。

1812 年　法国居维叶提出地球演变的灾变论。

1815 年　英国史密斯研究地层规律，《英国地质图》出版。

1820 年　奥地利布韦观察到岩石的变质作用。

1822 年　英国发现世界上第一条恐龙化石。

1830 年　英国赖尔的名著《地质学原理》出版，为近代地质学奠定了科学的理论基础。

1833 年　印度尼西亚发生的喀拉喀托火山地震，是火山爆发引发的最大地震。

1837 年　美国丹纳研究矿物、矿藏并出版《系统矿物学》。

1840 年　阿加西斯著作《冰川研究》出版，提出地球历史上存在冰期。

1848—1898 年　风靡全球的淘金热兴起。

1856 年　俄国潘德尔发现微体化石牙形刺。

1859 年　达尔文《物种起源》出版，系统地提出生物进化理论。

1862 年　亚历山大·洪堡出版《宇宙》五卷，开创了自然地理学。

1872—1876 年　英国"挑战者"号完成大洋科学考察。

1873 年　美国丹纳提出地槽学说。

1878 年　中国近代大型煤矿开滦煤矿诞生。

1884 年　美国戴维斯提出地貌轮回说。

1887 年　俄国卡尔宾斯基提出俄罗斯地台构造理论。

1891—1913 年　莫霍洛维奇用地震波研究地球结构，发现地壳与地幔的分界线。

1893 年 俄国费多罗夫发明偏光显微镜的万能旋转台。

1895 年 挪威南森创造了人类征服北极的新纪录。

1900 年 法国奥格发表《地槽和大陆块》，提出地槽学说新见解。

1901 年 瑞典斯文·赫定考察中国西部，发现罗布泊和楼兰古城遗址。

1904 年 美国葛利普提出沉积岩成因分类，开展早期的中国古生物、地层研究工作。

1905 年 美国卡内基研究所地磁部开始世界海洋的地磁观测。

1906 年 国际地震协会在法国斯特拉斯城建立第一个地震观测台。

1911 年 挪威罗尔德·阿蒙森成为人类历史上第一个登上南极点的人。

1912 年 德国魏格纳提出大陆漂移说。

1913 年 中国创办第一个地质研究机构——地质调查所。

1914 年 美籍德国科学家古登堡发现地球深部 2900 千米处的地幔与地核分界面。

1915 年 加拿大鲍文发现岩浆冷凝时矿物结晶的序次，提出鲍文反应序列。

1921 年 法国法布列发现大气圈的臭氧层。

1923 年 日本发生关东大地震，是日本现代史上损失最惨重的一次大地震。

1926 年 竺可桢提出中国地质历史时期的气候脉动说。

1927 年 中国发现超大型矿床白云鄂博及储量全球第一的稀土资源。

1928 年 英国霍姆斯提出地幔对流说，用地幔对流作为大陆漂移的驱动力。

1929 年 裴文中在周口店发现北京猿人头盖骨。

1933 年 美国沃尔特·布赫提出地壳变动的脉动说。

1933—1936 年 李四光在庐山、黄山等地发现冰川遗迹，确定中国存在第四纪冰期。

1934 年 苏联波雷诺夫提出地表风化壳理论，《风化壳》专著出版。

1935 年 美国里克特与古登堡合作研究地震震级，提出测定地震的“里氏震级”。

1938 年 美国哈·赫斯提出岛弧的成因。

1945 年　李四光提出地质力学。

1948 年　发现世界上最大的油田——沙特阿拉伯的加瓦尔油田。

1951 年　人类探索世界上最深的海沟——太平洋马里亚纳海沟。

1954 年　美国罗伯特·迪茨与哈里·赫斯先后提出了海底扩张假说。

1958 年　美国根据人造卫星的观测，精确测定地球的形状。

1959 年　英国利基夫妇在东非发现古人类化石，奠定人类起源非洲说的基础。

1960 年　美国旧金山发生大地震，是美国迄今破坏最严重的一次地震。

1960 年　智利因地震引发巨大海啸。

1967 年　板块构造学说问世。

1970 年　苏联在科拉半岛创造了 12262 米超深钻世界纪录。

1972 年　第一届联合国人类环境会议在瑞典斯德哥尔摩举行，通过《人类环境宣言》。

1976 年　中国唐山发生大地震，死亡人数超过 24 万。

1980 年　刘东生提出黄土成因"新风成说"，重建了 250 万年以来的气候变化历史。

1984 年　中国云南发现生活在距今 5.3 亿年寒武纪早期的澄江动物群。

1985 年　墨西哥发生大地震，震后又有余震 38 次，30 多万人无家可归。

1991 年　菲律宾皮纳图博火山爆发，喷出约一百亿吨的熔岩和两千万吨的二氧化硫。

1996 年　中国辽宁发现恐龙向鸟类进化的证据——中华龙鸟等化石。

1999 年　美国发射 IKNOS，使遥感卫星空间分辨率提高到 1 米。

2007 年　全球科学家研究证实，地球气候变暖已是不争的事实。

2009 年　近 50 名科学家研究确认，最新发现于东非的原始人骨骼化石年代最为久远。

2011 年　日本发生 9.0 级地震并引发海啸，福岛核电站被毁。这是人类进入 21 世纪后经历的第一次大地震。

2012 年　意大利地震学家因地震预报失误被判刑，遭到全球科学界质疑。

推荐书目

1. 许靖华. 大绝灭——寻找一个消失的年代 [M]. 北京：生活·读书·新知三联书店，1997.

2. 徐刚. 地球传 [M]. 太原：山西教育出版社，1999.

3. 鲍勒. 进化思想史 [M]. 田泽，译. 南昌：江西教育出版社，1999.

4. 白露. 地球秘境 [M]. 上海：浦东电子出版社，2002.

5. 卡罗琳，等. 地球探索 [M]. 陈琳，等，译. 太原：书海出版社，2003.

6. 张维. 认识地球 [M]. 北京：中国发展出版社，2008.

7. 劳埃德. 地球简史 [M]. 王祖哲，译. 长沙：湖南科学技术出版社，2010.

8. 郭漫. 世界地理 [M]. 北京：华夏出版社，2011.

9. 江文. 破译地球密码 [M]. 太原：北岳文艺出版社，2011.

10. 李敏. 探索地球的奥秘 [M]. 大连：大连出版社，2012.

239